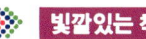

빛깔있는 책들 103-2

사원 건축

글/신영훈 ● 사진/김대벽

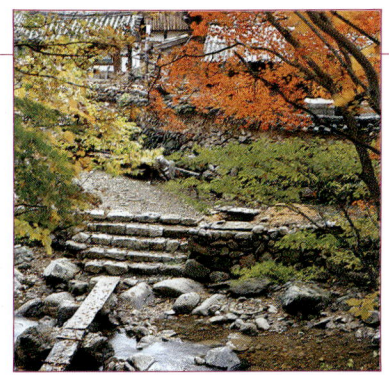

대원사

신영훈 ————————
성균관대학교 사학과에서 한국
건축사를 전공하였으며 문화공
보부 문화재위원회 전문위원이
다. 주요 저서로 「한국의 살림
집」「한옥의 조형」등이 있고 역
서로 「한국 상대(上代) 건축의
연구」등이 있다.

김대벽 ————————
한국신학대학을 졸업했으며 한
국사진작가협회 운영 자문위원,
민학회 회원으로 활동하고 있다.
주요 사진집으로 「문화재대관(무
형문화재편, 민속자료편)」 상, 하
권 외에 다수의 책이 있다.

사원 건축

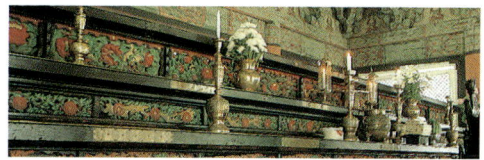

사진으로 보는 사원 건축

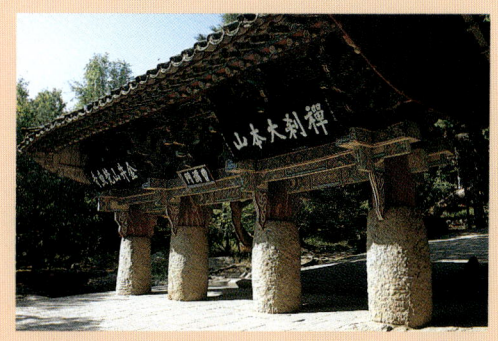

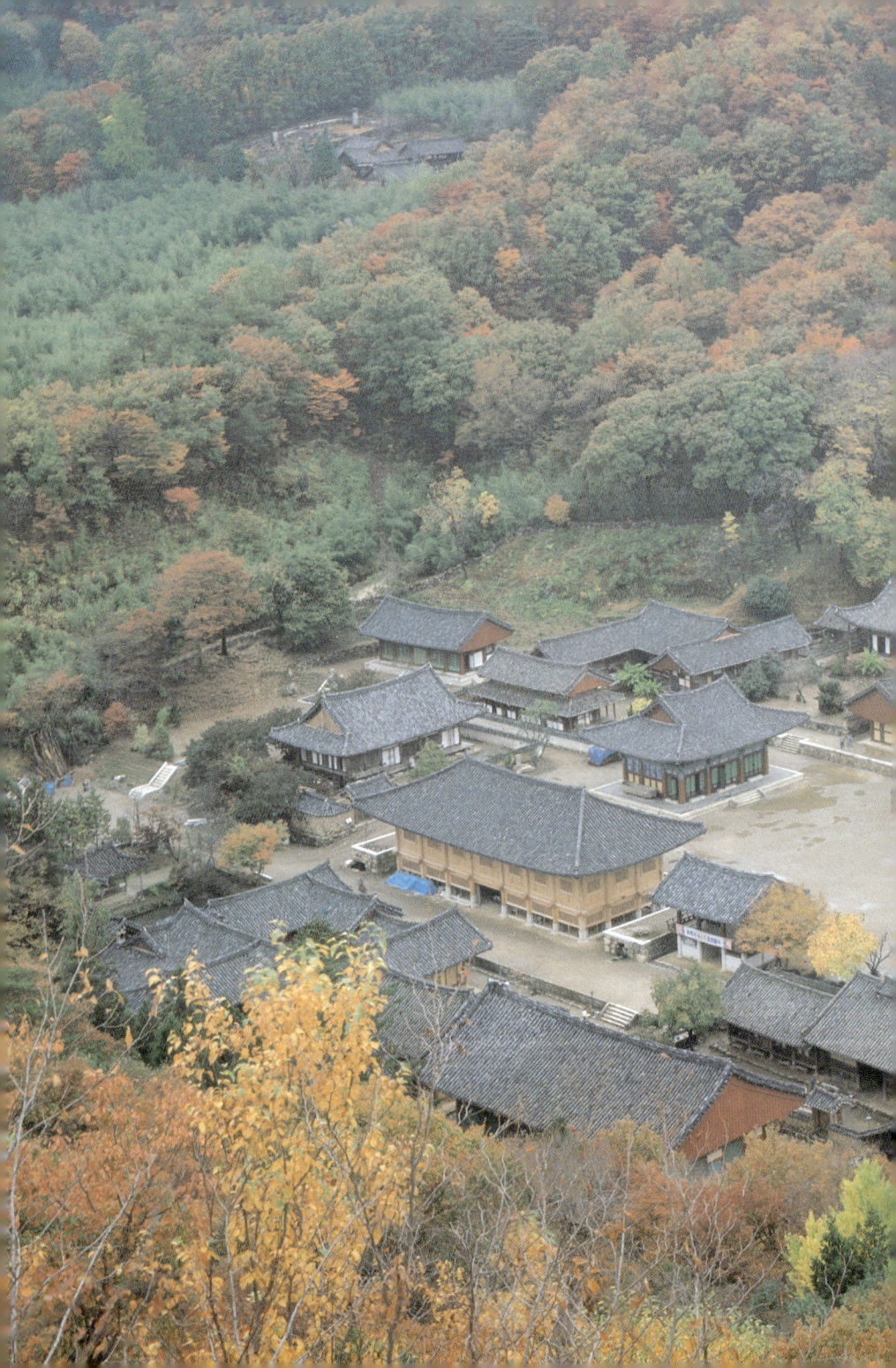

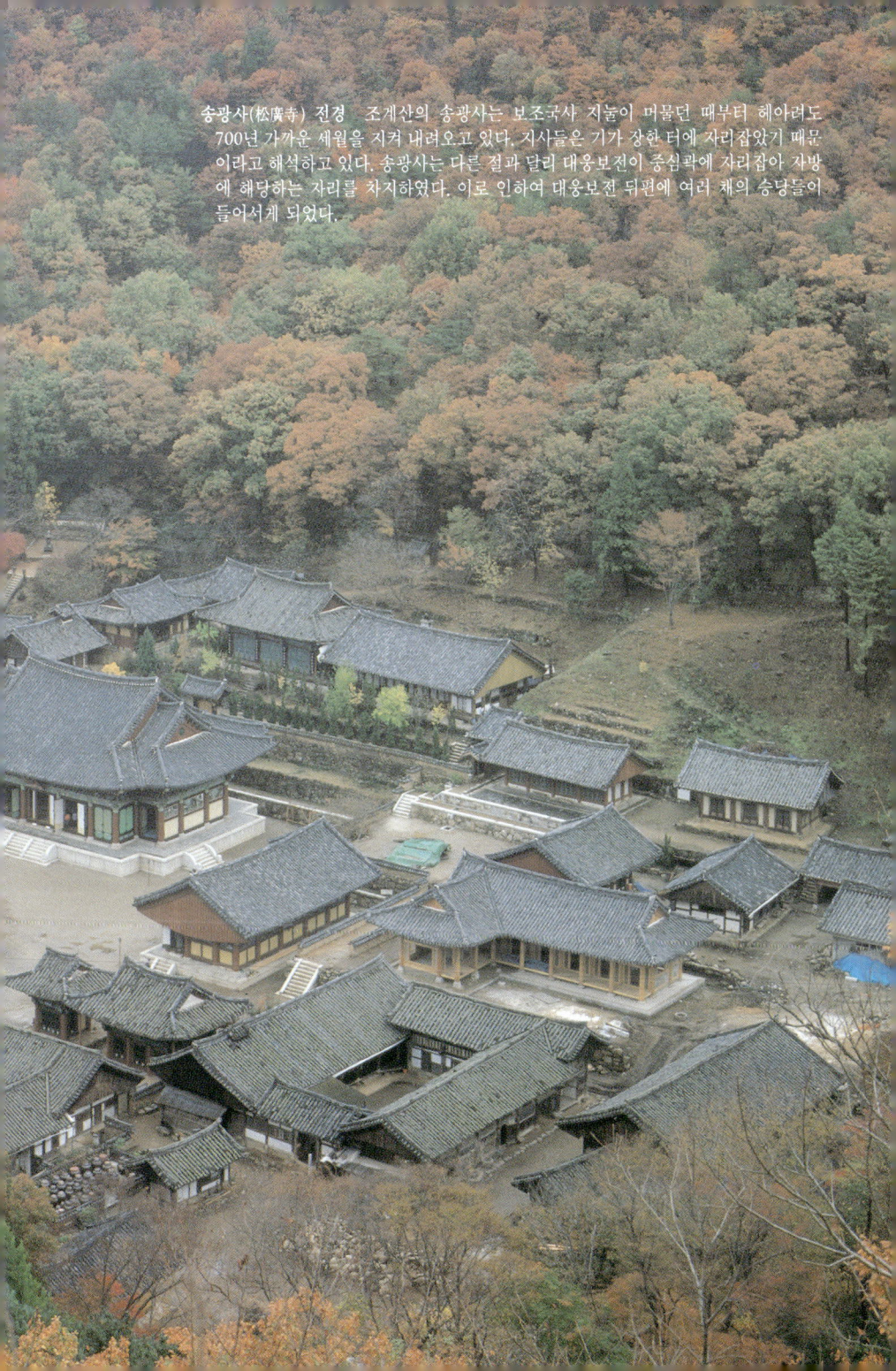

송광사(松廣寺) 전경 조계산의 송광사는 보조국사 지눌이 머물던 때부터 헤아려도 700년 가까운 세월을 지켜 내려오고 있다. 지사들은 기가 장한 터에 자리잡았기 때문이라고 해석하고 있다. 송광사는 다른 절과 달리 대웅보전이 중심곽에 자리잡아 자방에 해당하는 자리를 차지하였다. 이로 인하여 대웅보전 뒤편에 여러 채의 승당들이 들어서게 되었다.

경계석표 절의 경계는 글을 써서 새긴 비석 형태의 석표 이외에 장승을 세워 표시하기
도 했다. 그러나 나무 장승은 썩거나 상하기 쉬운 탓으로 오래도록 썩지 않는 돌을
사용한 돌장승이 여기저기 세워지기에 이른다. 운흥사(雲興寺)의 석장승이다.(왼쪽)
산문 중요한 사찰에는 사찰 보호를 위한 성이 설비되어 있었다. 이 제도는 조선조에도
계속된다. 세조도 낙산사에 귀중한 것을 시주한 뒤에 보호를 위하여 성벽을 쌓고
문을 낸다. 그런 문을 산문이라 부르기도 하였다.(오른쪽 위)
산문의 문루 용머리(오른쪽 아래)

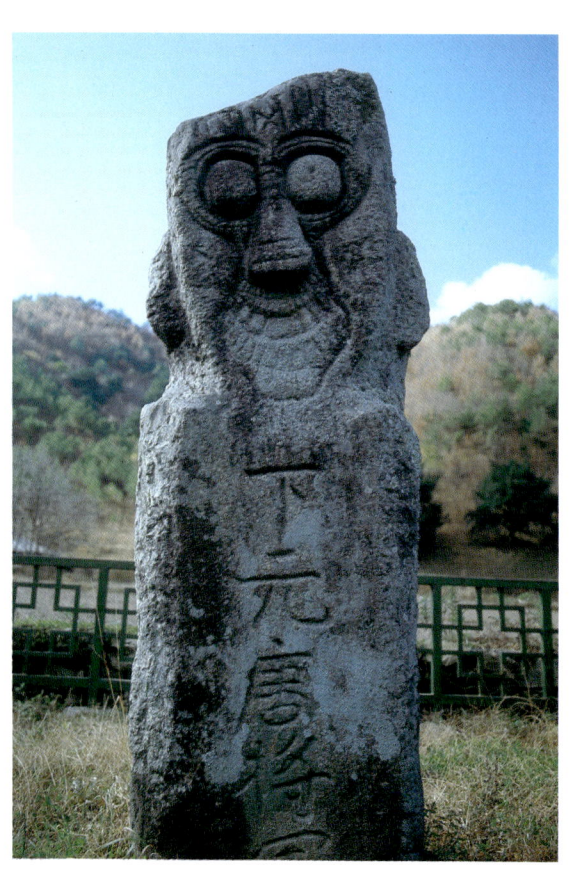

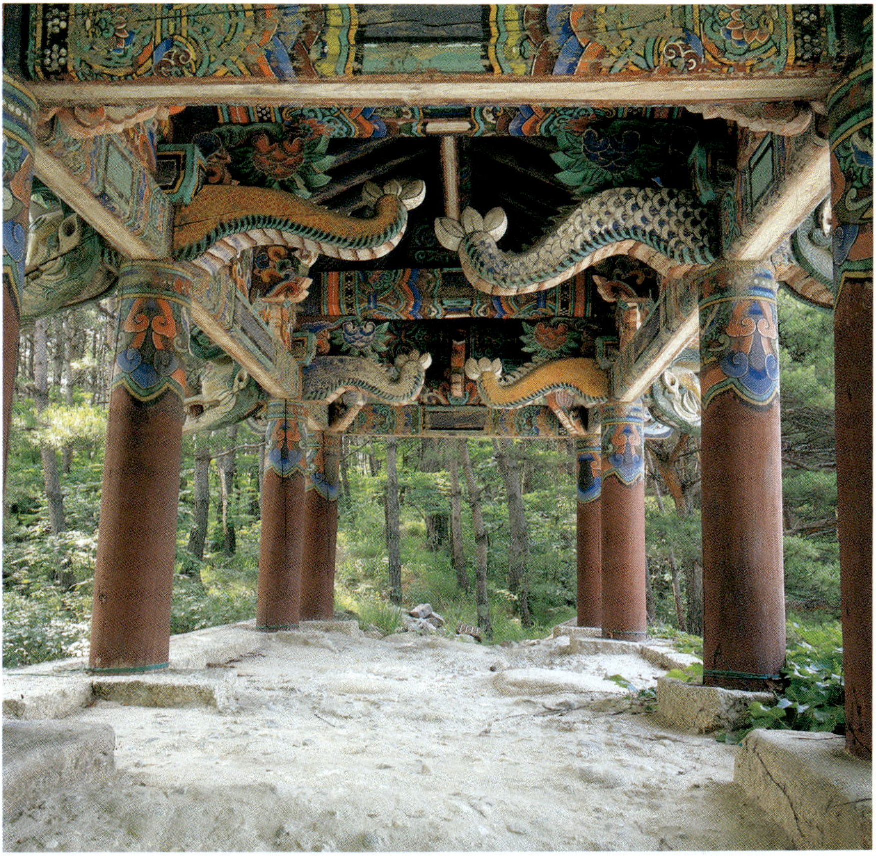

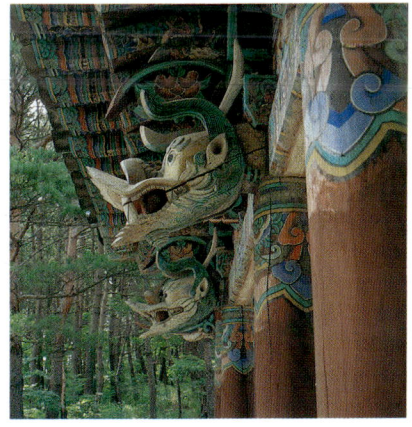

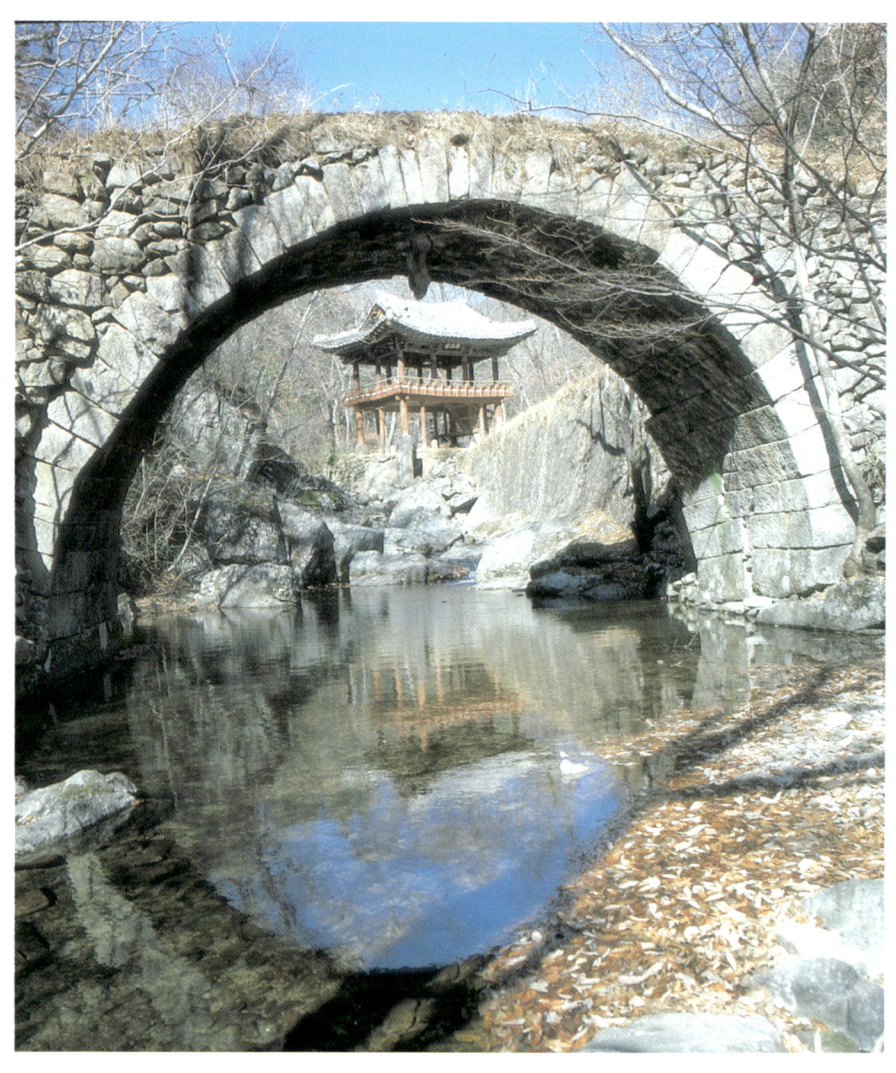

무지개다리 부처님 뵈러 가는 길은 즐거울수록 좋다. 누구나 쉽게 개울을 건너도록
다리를 놓는 일은 월천공덕(越川功德)이라 해서 큰일한 것으로 손꼽았다. 위는 선암사
(仙巖寺)의 무지개다리이다.

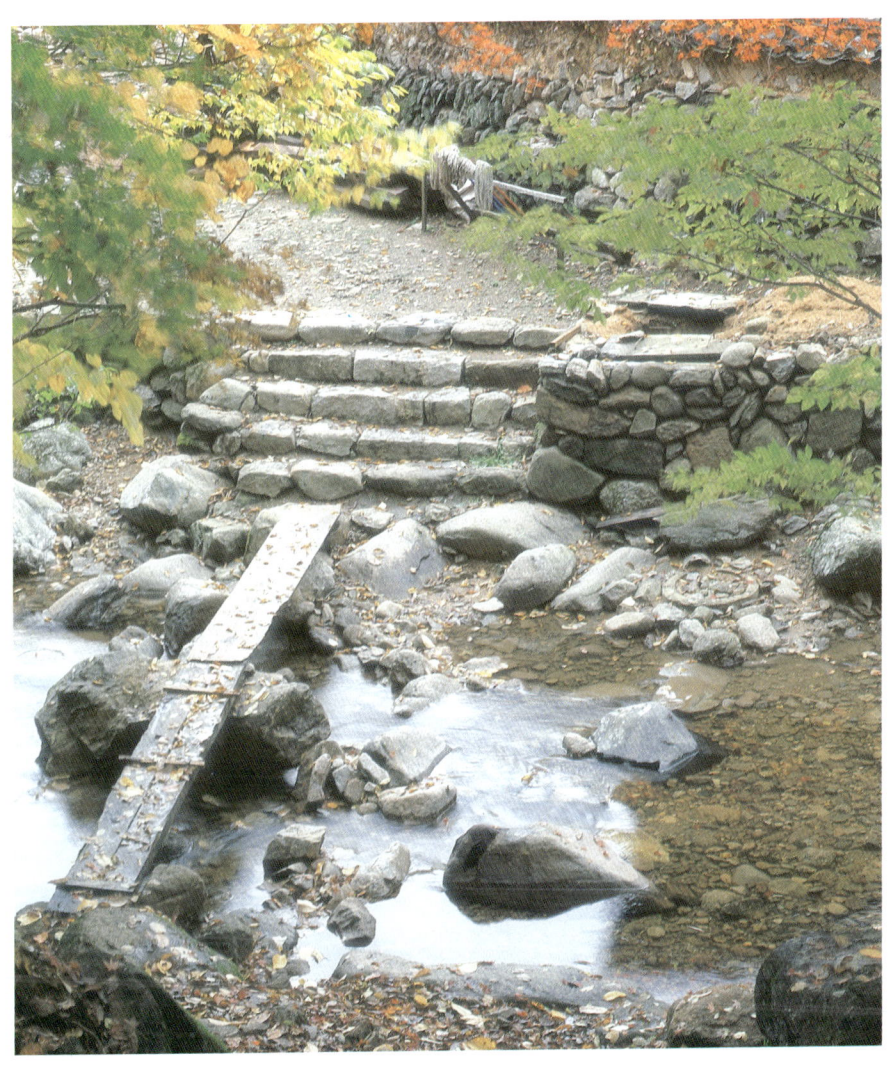

외나무다리 큰 산, 깊은 골짜기엔 차갑고 맑은 물이 흘러내린다. 개울을 건너야 절에
들어서게 된다. 위는 송광사의 외나무다리이다.

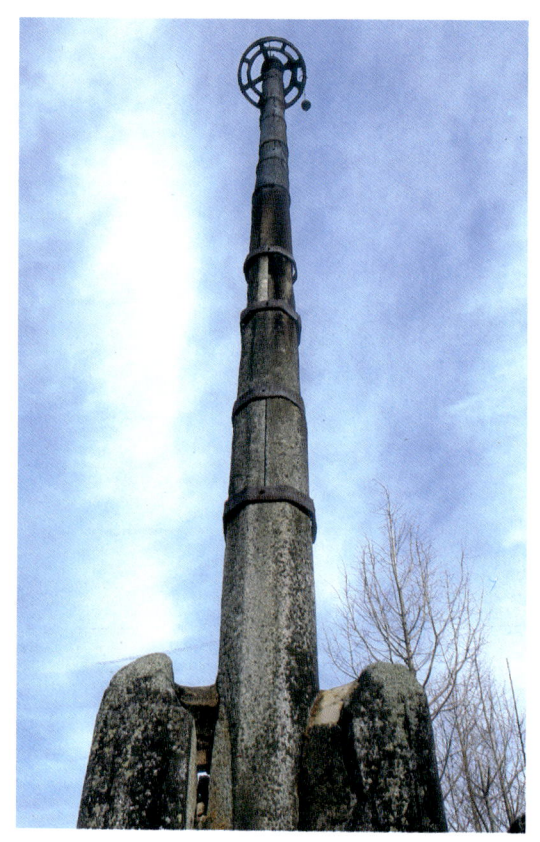

돌과 쇠로 만든 장대 돛대를 세우듯이 장(橦)대를 높이 세운다. 여기가 진여(眞如)의
세계임을 알리기 위함이다. 왼쪽은 전남 담양읍에 있는 장대로, 쇠로 만든 장대를
화강암의 지주가 지탱하고 있다.

용머리 금동 장대 「동국여지승람」에서는 당간을 장대라 쓰고, 만들어진 재료에 따라
돌로 된 것은 석장(石橦), 구리로 만든 것은 동장(銅橦), 무쇠로 만든 것은 철장(鐵
橦)이라 하였다. 오른쪽은 현재 호암미술관 소장의 금동 장대이다.

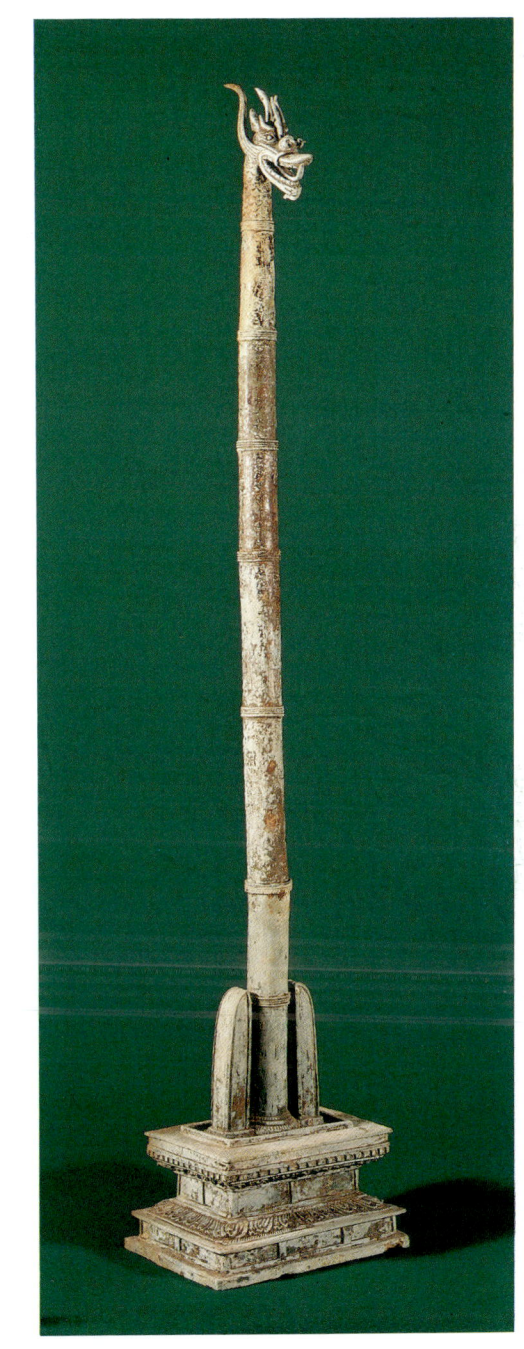

범어사(梵魚寺) 일주문　절
　로 치면 일주문은 첫머리
　의 표문(表門)인 셈이다.
　여기부터가 바로 절의 경
　내요 하는 알림의 문이라
　고도 할 수 있다. 일주문
　은 기둥 두 개를 세워 완
　성시키는 것이 일반형이
　다. 기둥 넷을 일직선상
　에 둔 범어사의 일주문은
　특수형에 속한다.

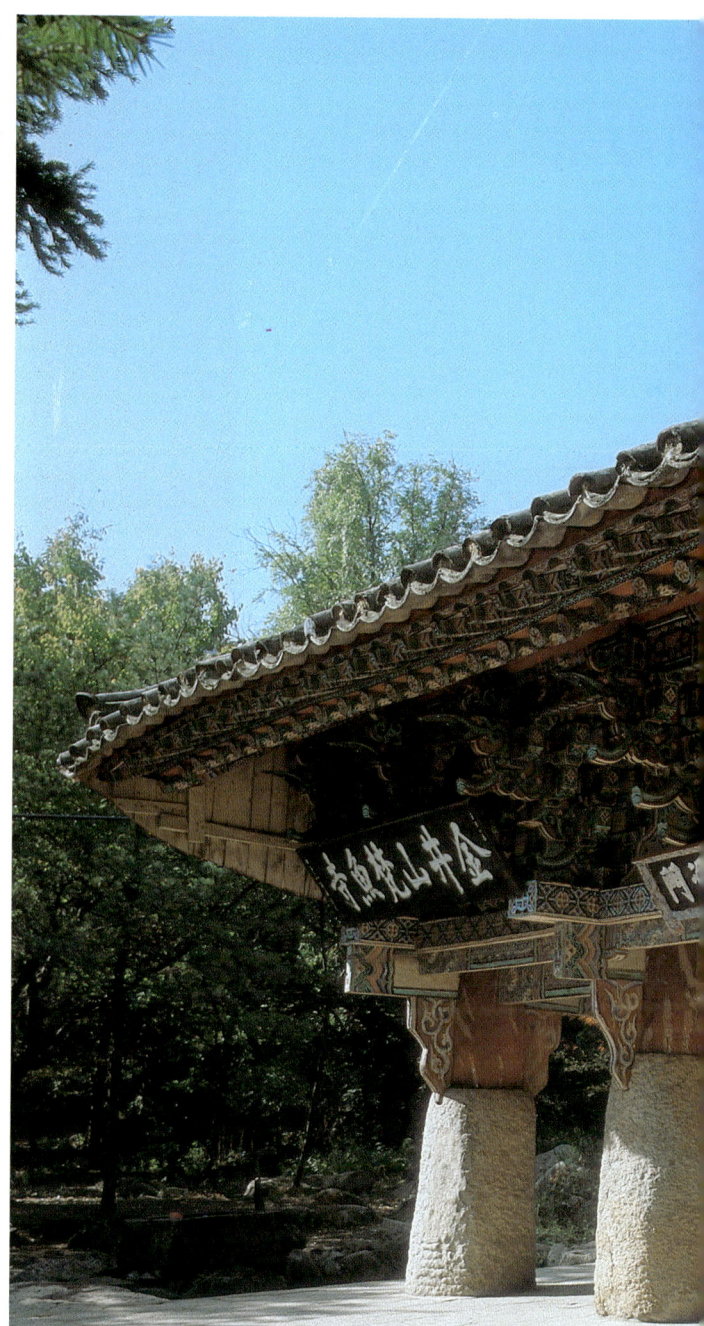

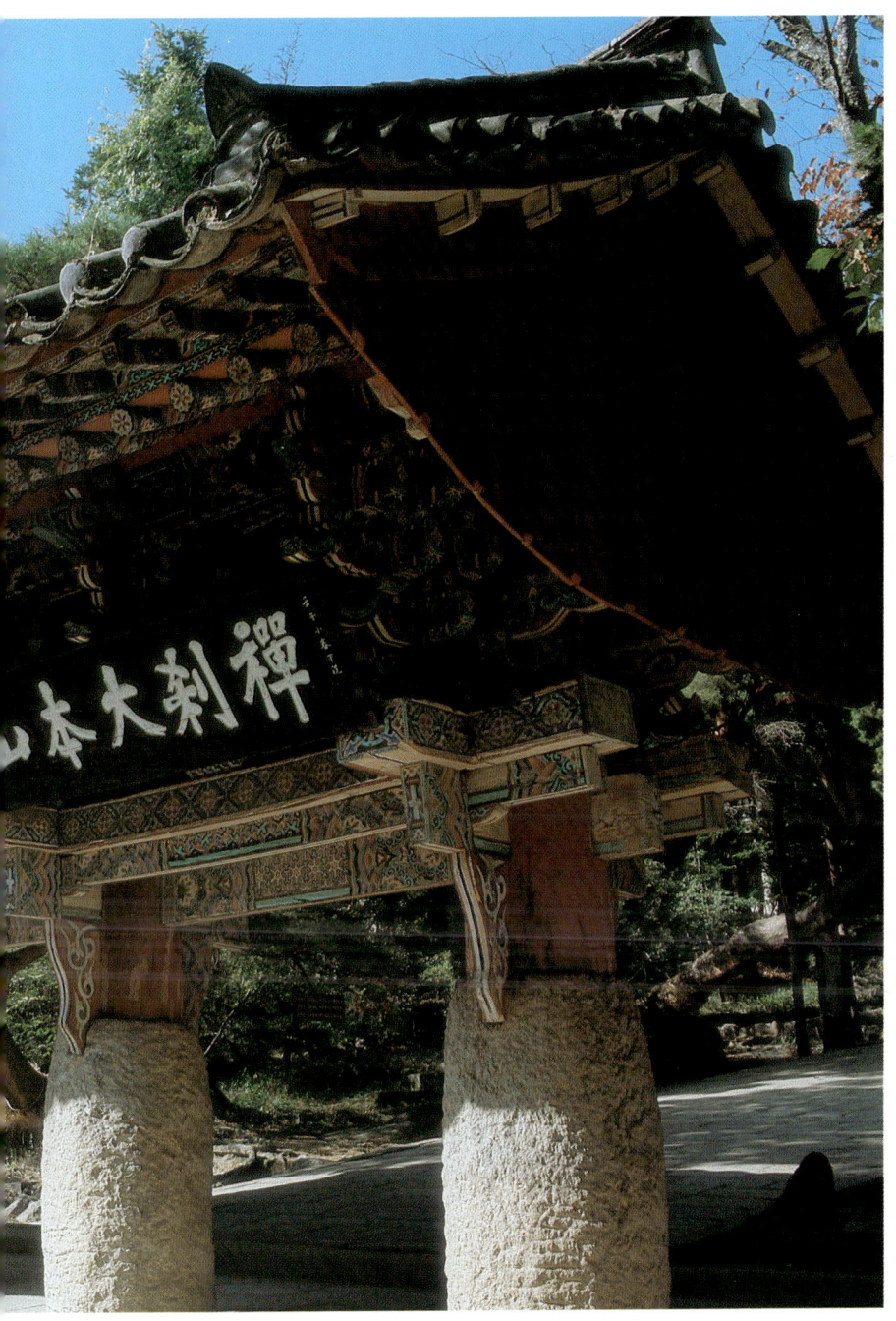

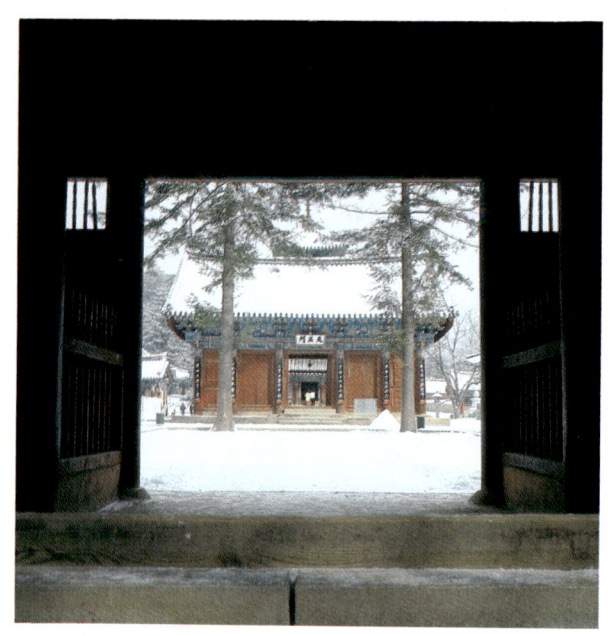

중문(中門)　산사(山寺)에 들어서다 보면 일주문 다음에 금강문을 만난다. 금강문은
대문에 해당한다고 할 수 있다. 금강문이 없는 절에서는 사천왕문이 대문인 듯이
보이기도 하나 격으로 보아서는 사천왕문은 중문에 해당한다. 법주사의 사천왕문이
다.

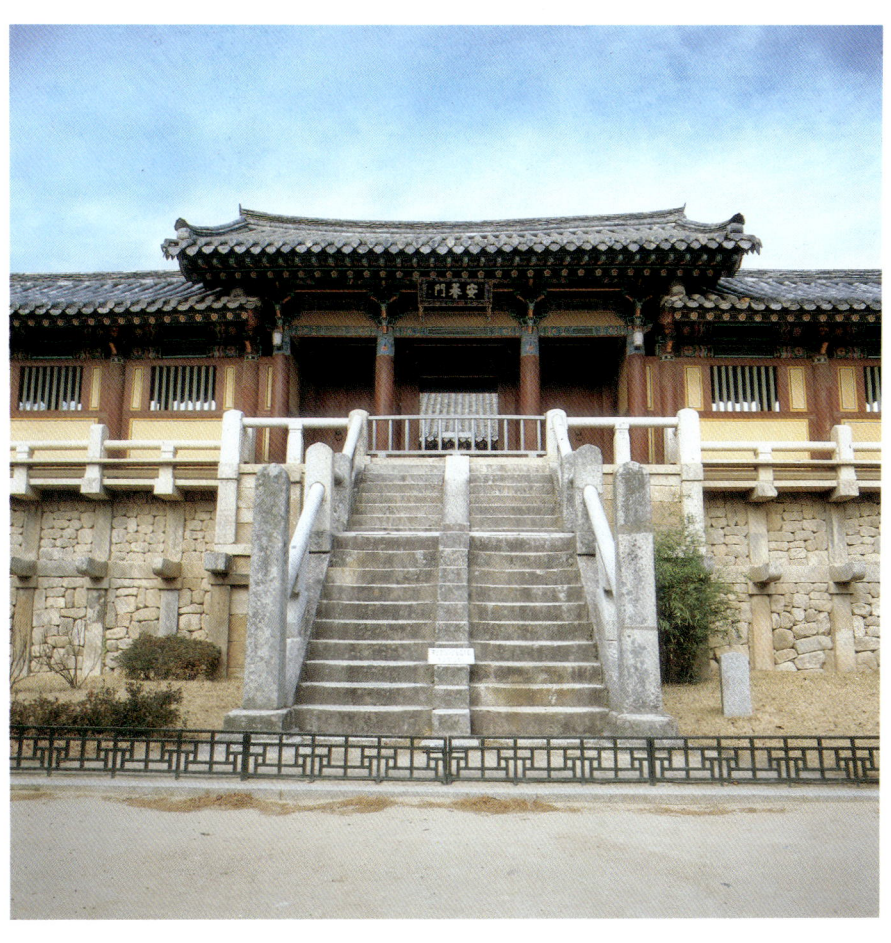

불국사 안양문 중문으로서 눈여겨 보아야 할 것들이 불국사에도 있다. 대웅전 일곽으로 들어가는 자하문(紫霞門)과 극락전으로 들어서는 데 있는 안양문(安養門)이 그것이다.

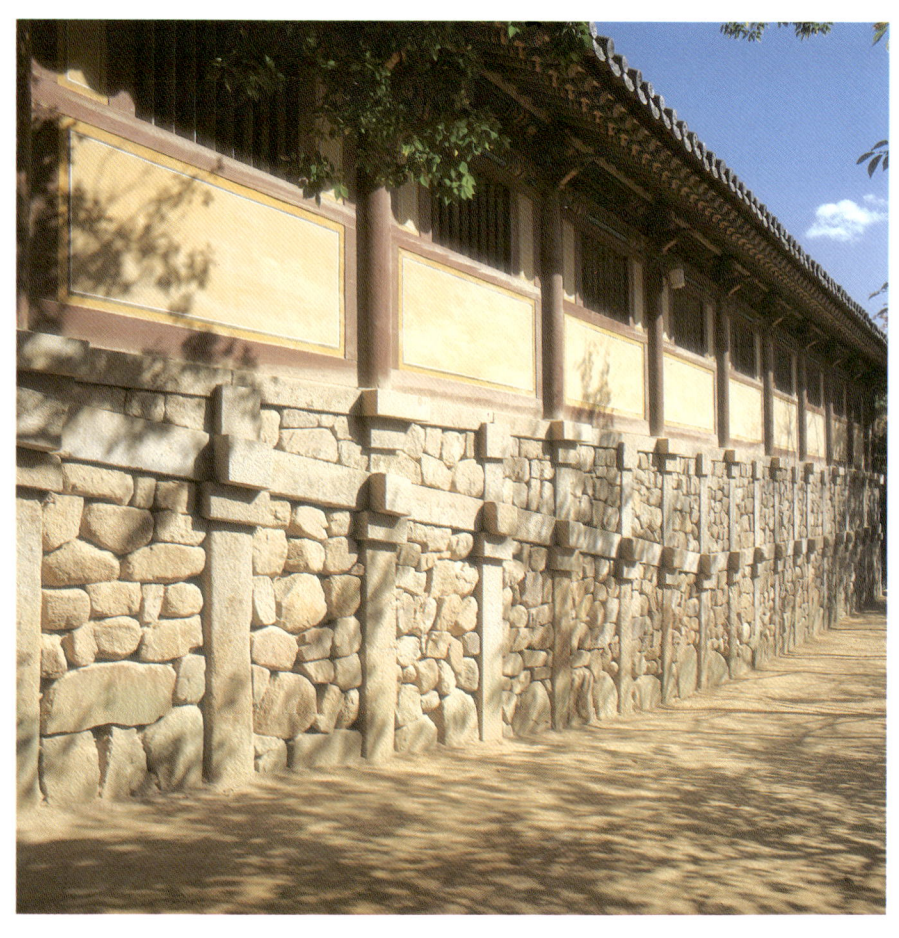

불국사의 석대(石臺) 석대는 쌓는 방법도 여러 가지이다. 바위를 굴려다 적절히 맞추어 가면서 틈새를 두고 쌓기도 하고, 같은 바위라도 이음새는 이맞추도록 다듬어 쓰기도 한다.

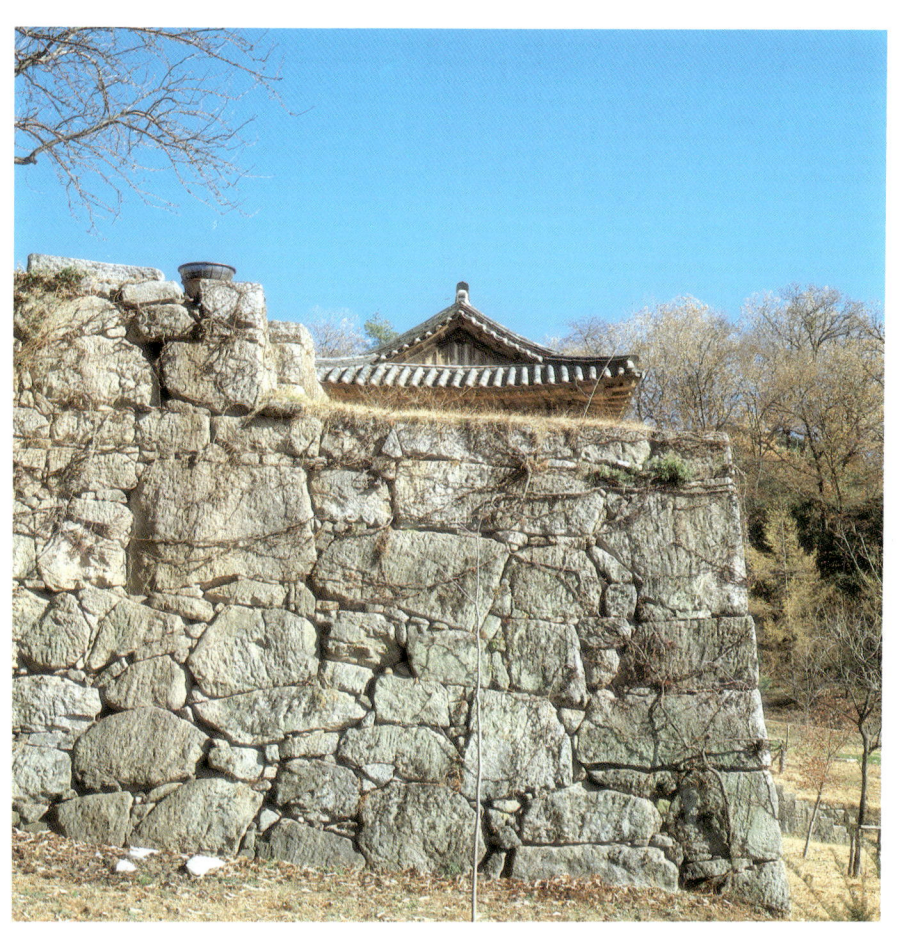

부석사의 거석대(巨石臺)　큰 절의 옛날 석대들이 지금도 남아 있다. 옛분들이 얼마나 애를 썼는지 한눈에 볼 수 있을 만큼 엄청난 돌을 써서 우람하게 쌓아 놓았다. 부석사의 석대는 바위 모양 그대로 쌓은 것이다.

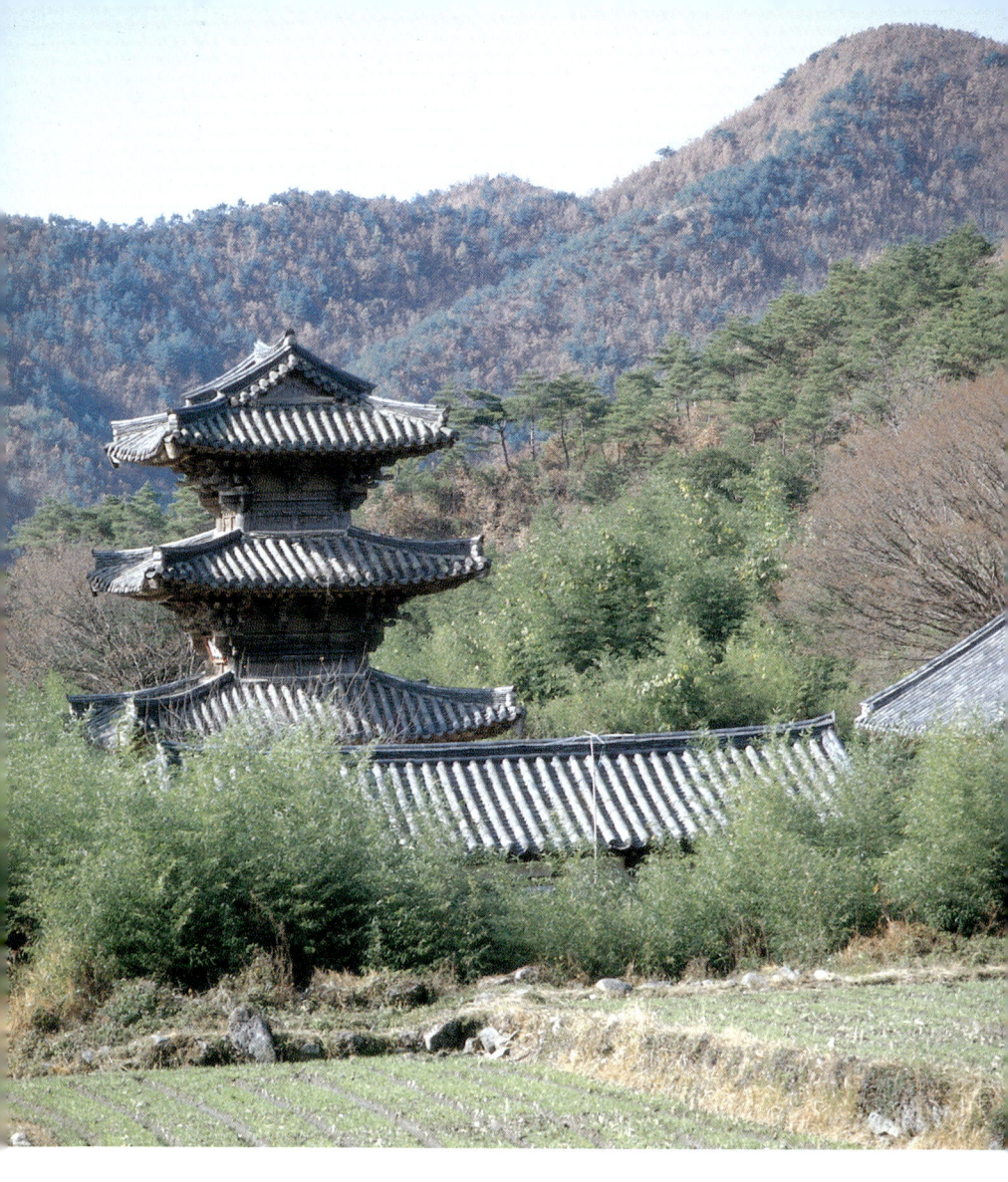

쌍봉사 3층탑(대웅전) 목탑의 평면은 방형이거나 팔각형이다. 방형은 정방형으로
반듯하게 잡는 것이 보편적이다. 쌍봉사 3층탑(지금은 대웅전이라 扁額함)은 단간짜
리이다.

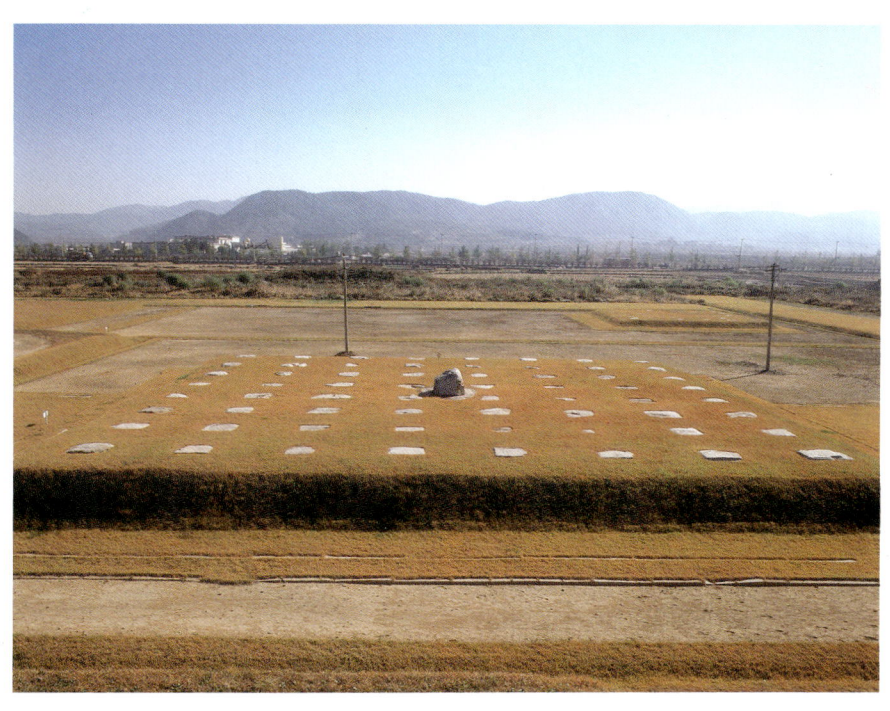

황룡사 9층탑 자리   도읍의 터전이 넓어 넉넉하던 시절에는 도성내에 큰 절을 널찍하
게 경영하고 목재로 탑을 높게 지었다. 황룡사 9층탑은 좌우의 뒷간까지 합쳐 9칸씩
의 큰 규모였다.

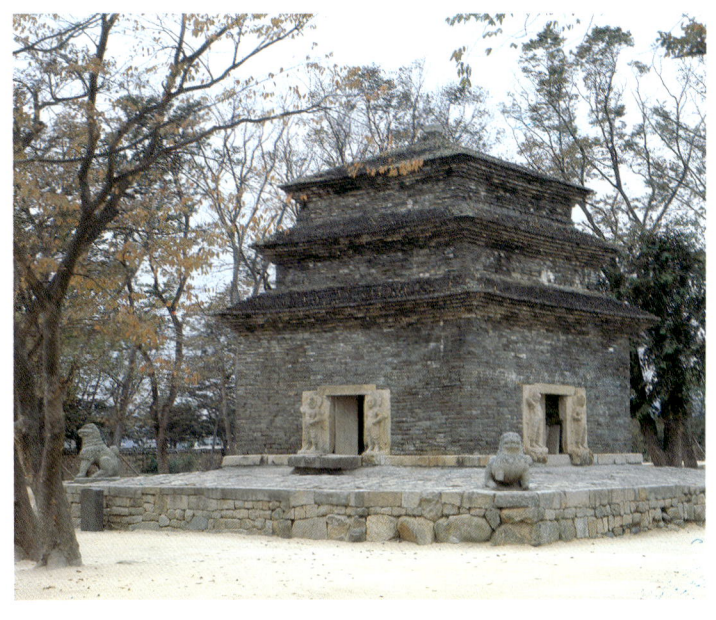

경주 분황사 탑　신라 건축가들은 벽돌 쌓는 법에 유의하여 돌을 벽돌처럼 다듬어 거대
한 탑을 쌓았다. 우직한 일이었는데, 마침내 그 일을 해내어 분황사(分皇寺) 석탑과
같은 모습을 이룩하였다.

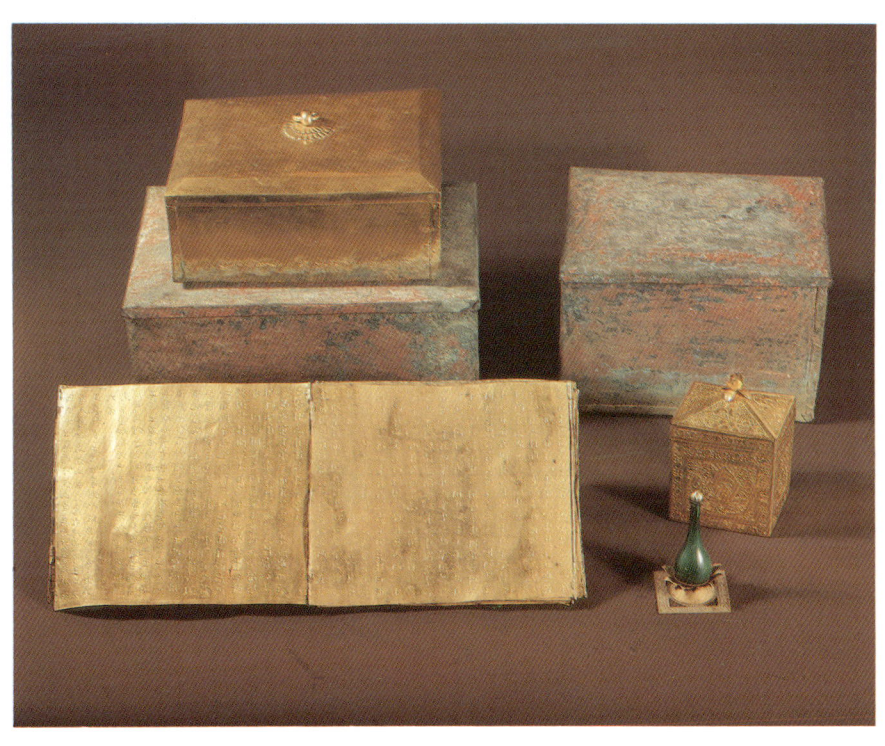

사리장치 탑파는 부처님의 진신사리(眞身舍利)와 법신사리(法身舍利)를 잘 모시기 위하여 건립되었다. 사리의 보장(保藏)을 위하여 마련하는 제구(諸具)를 요즈음은 장치라 부르고 있다. 사리장치들은 아주 장엄하게 하여서 금으로 만든 것도 적지 않은데 이들을 통하여 당시 최고 수준의 공예품들을 감상하게 된다. 위는 전북 익산 군 왕궁리 언덕 위에 홀로 남아 있는 5층석탑 사리공에서 찾아 낸 사리장치이다.

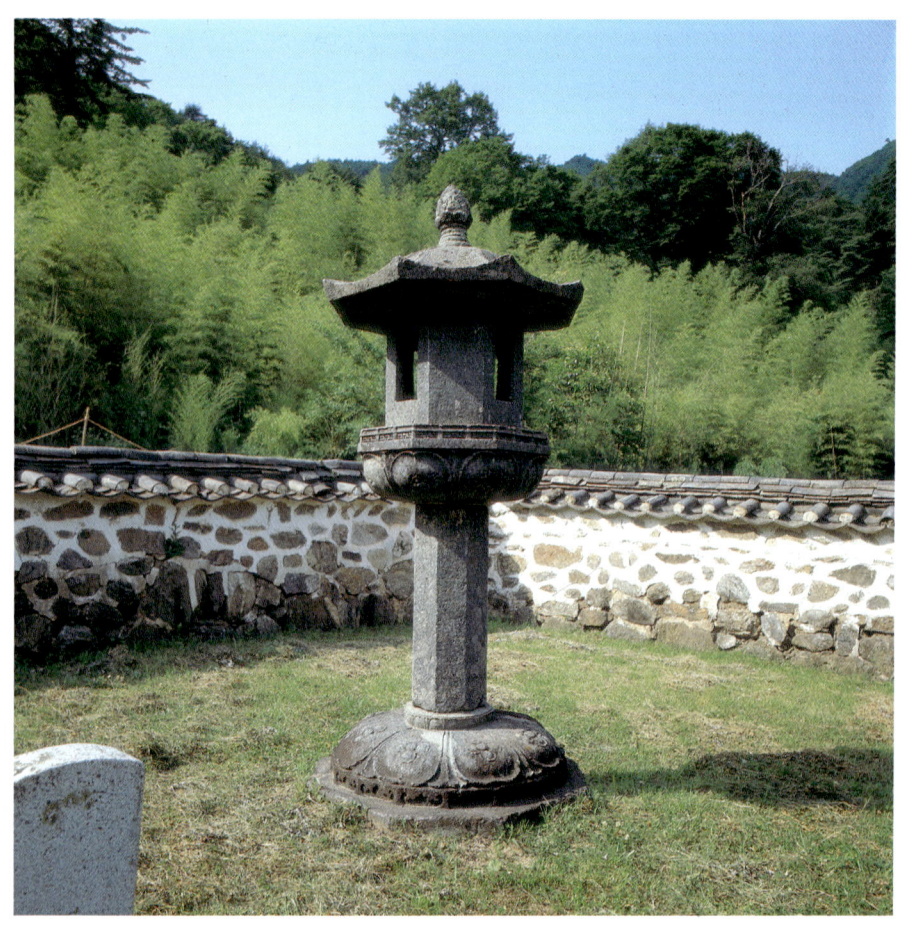

실상사 백장암 석등 신라 석등의 전형적인 모습은 하대석에 연꽃을 장식하고, 팔모
접은 기둥을 세운 위에 다시 받침돌을 올려 놓고 화사석을 받게 되었는데 화사석도
팔각형 평면이다. 그 위에 갓돌을 씌우고 보주를 얹었다. 이 석등은 화사석의 아랫도
리에 난간을 두른 것이 특색이다.

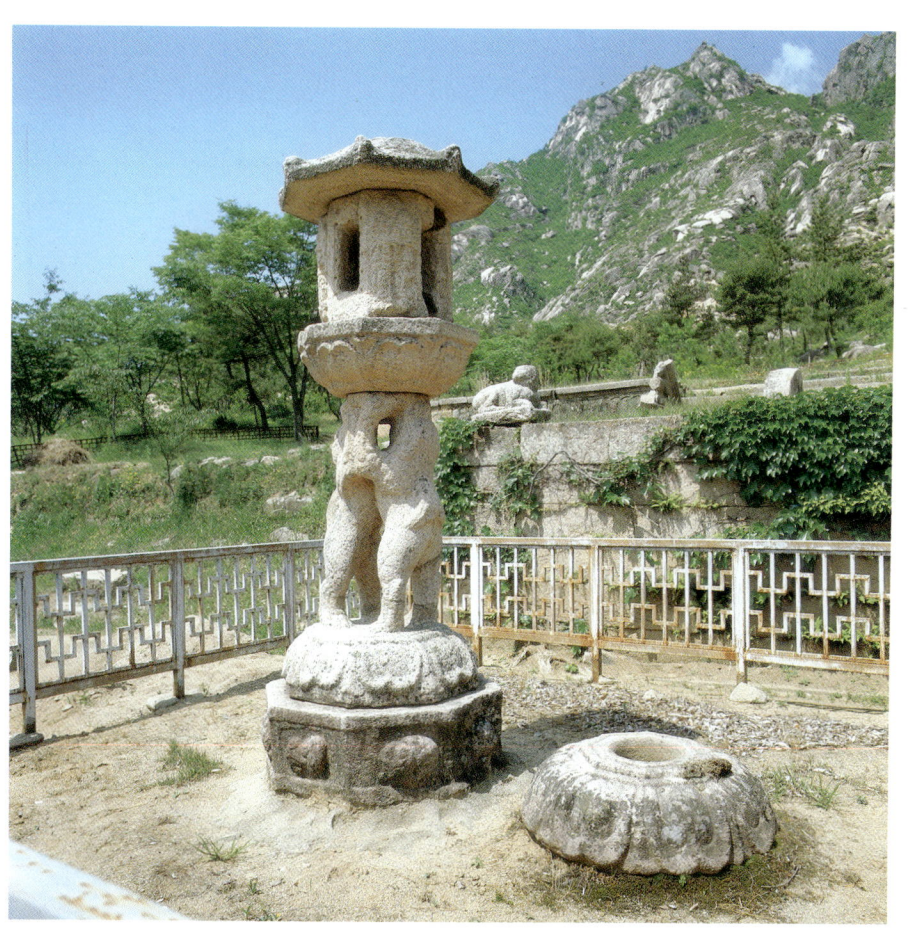

쌍사자 석등 영암사에 있는 석등은 두 마리 사자가 등을 받쳐 든 모습이다.

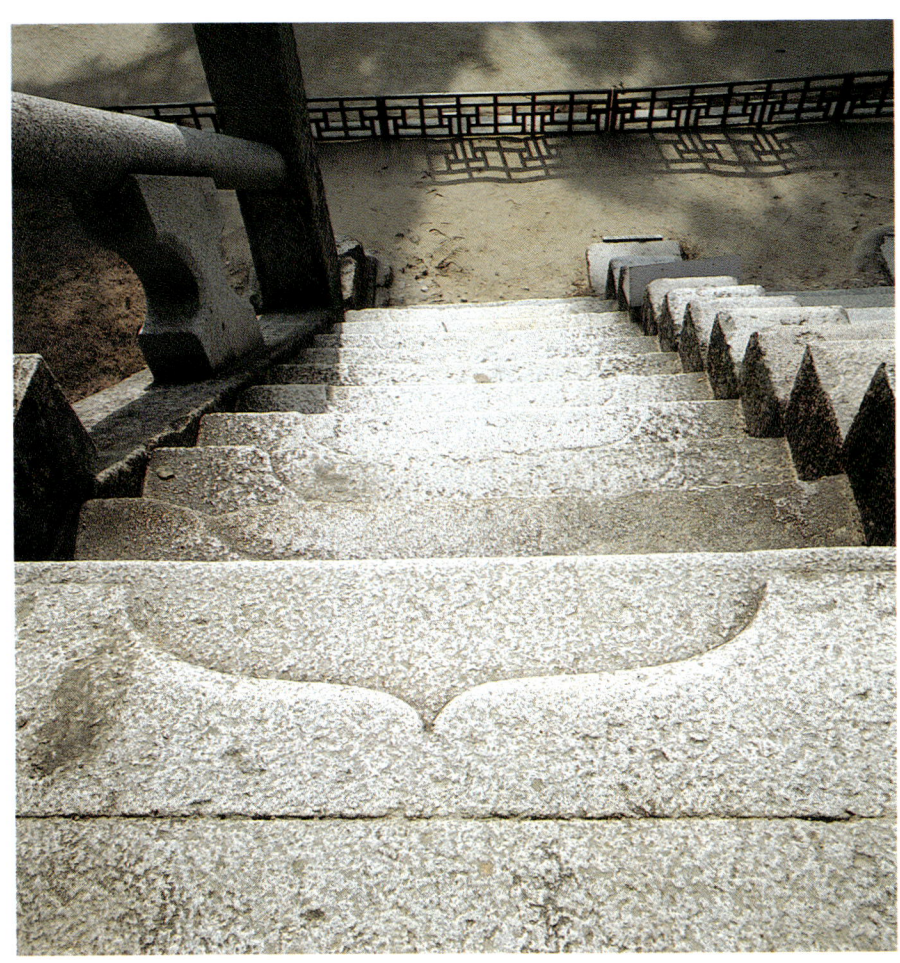

불국사 연화교 연꽃무늬 발 딛는 디딤돌에 연꽃이 새겨져 있다. 여의두(如意頭)처럼도 보이게 한 연꽃이다. 올라서기만 하면 청정의 세계가 될 뿐만 아니라 소원하는 바가 다 성취될 수 있다는 약속이 그 무늬에 담겨 있다.

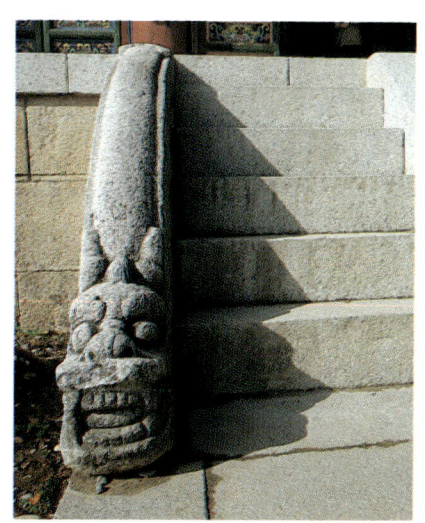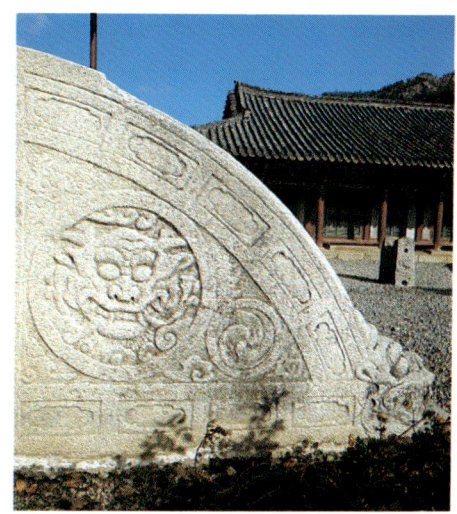

설악산 신흥사 대웅전 앞 석계(石階)　장중한 가람을 조성하고 법당을 지은 후 법당
돌층계에 뱃머리를 형상하였다. 그리로만 올라서면 반드시 용선(龍船)을 탄 환희를
얻을 수 있을 것이라고 하였다. 층계의 소맷돌에 용의 머리를 새겨 용선의 뱃머리를
방불케 하였다.(왼쪽, 오른쪽)

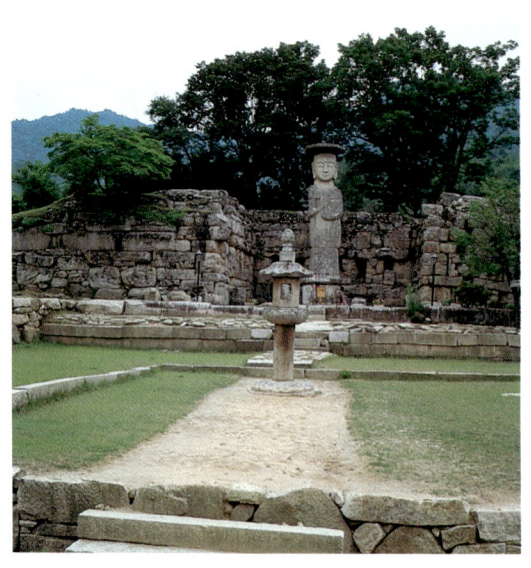

중원 미륵대원의 금당 금당의 옛터를 발굴해 보면서 확인되는 것은 금당 중심부에 불단 자리가 있다는 점이다. 오늘날 우리들이 늘 드나들고 있는 대웅전과는 다르다.

송광사 대웅보전 재목을 써서 짓는다 해서 꼭 조선조의 법대로만 지을 까닭은 없다. 현대인들의 생각을 담아야 한다. 법식(法式)은 옛것으로 하되 생각과 기법은 새로운 자료의 구사를 통하여 영롱하게 빛나게 해야 한다. 송광사의 대웅보전은 제8차 중창에 맞추어 현대식 기법으로 창신되었다.

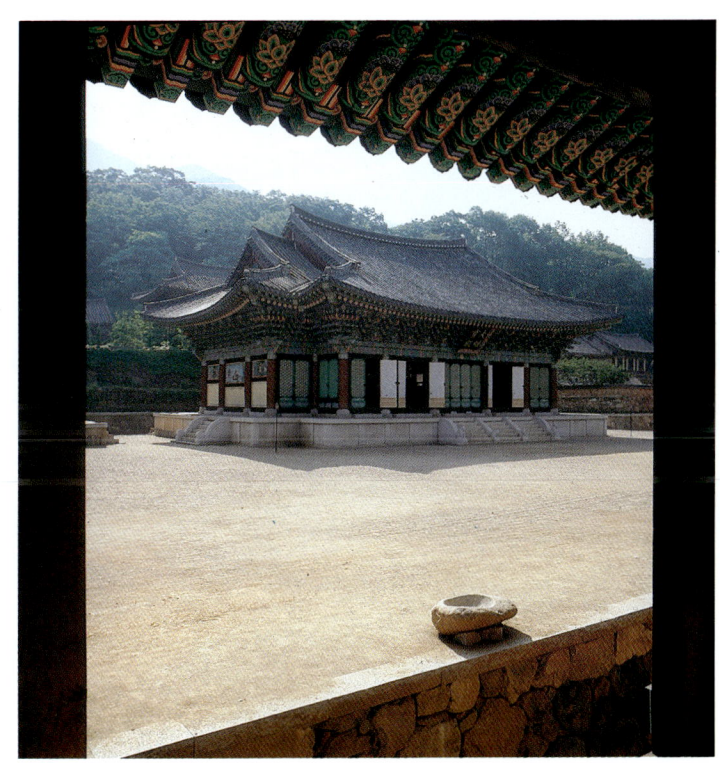

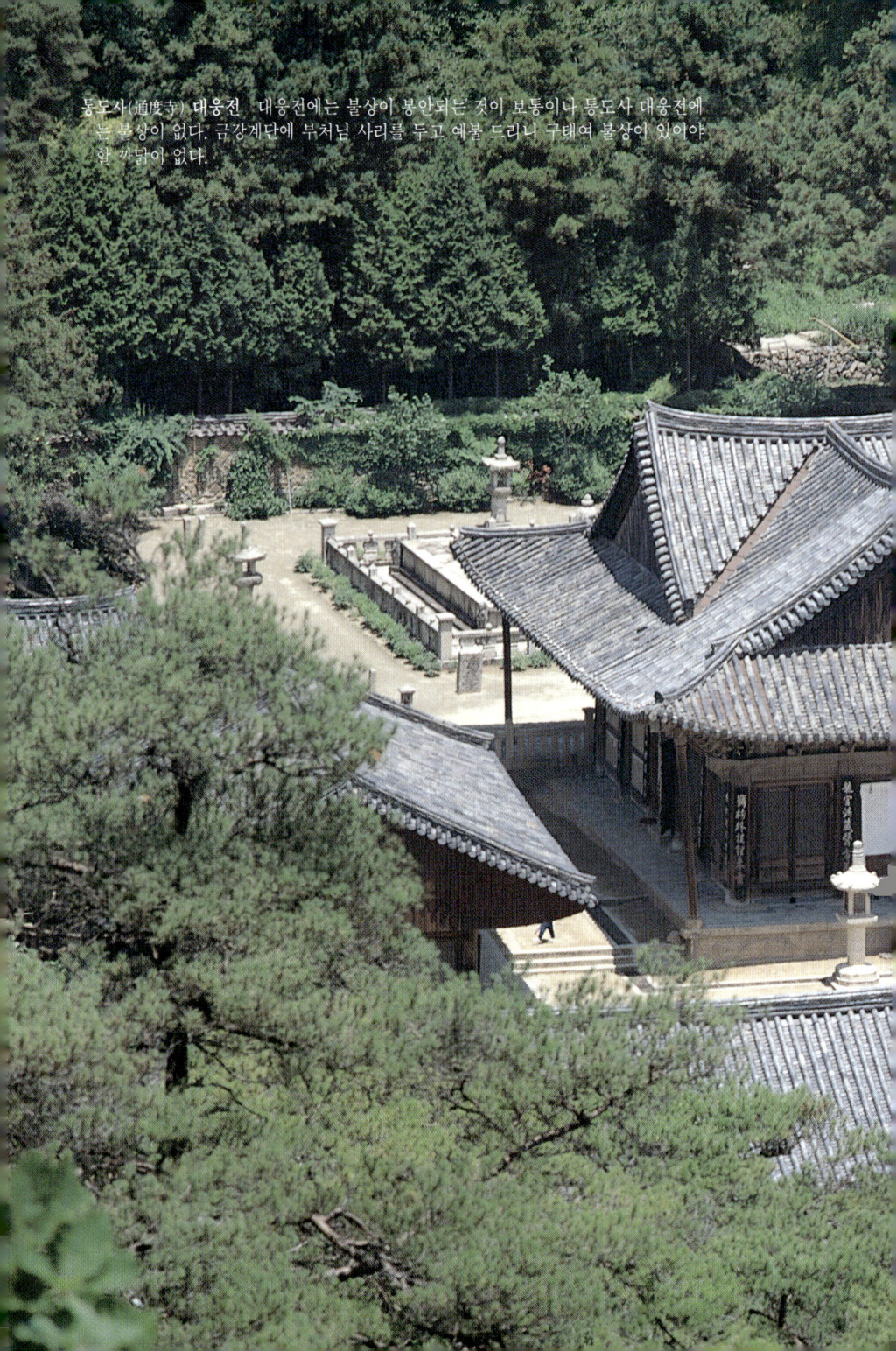

통도사(通度寺) 대웅전 대웅전에는 불상이 봉안되는 것이 보통이나 통도사 대웅전에
는 불상이 없다. 금강계단에 부처님 사리를 두고 예불 드리니 구태여 불상이 있어야
할 까닭이 없다.

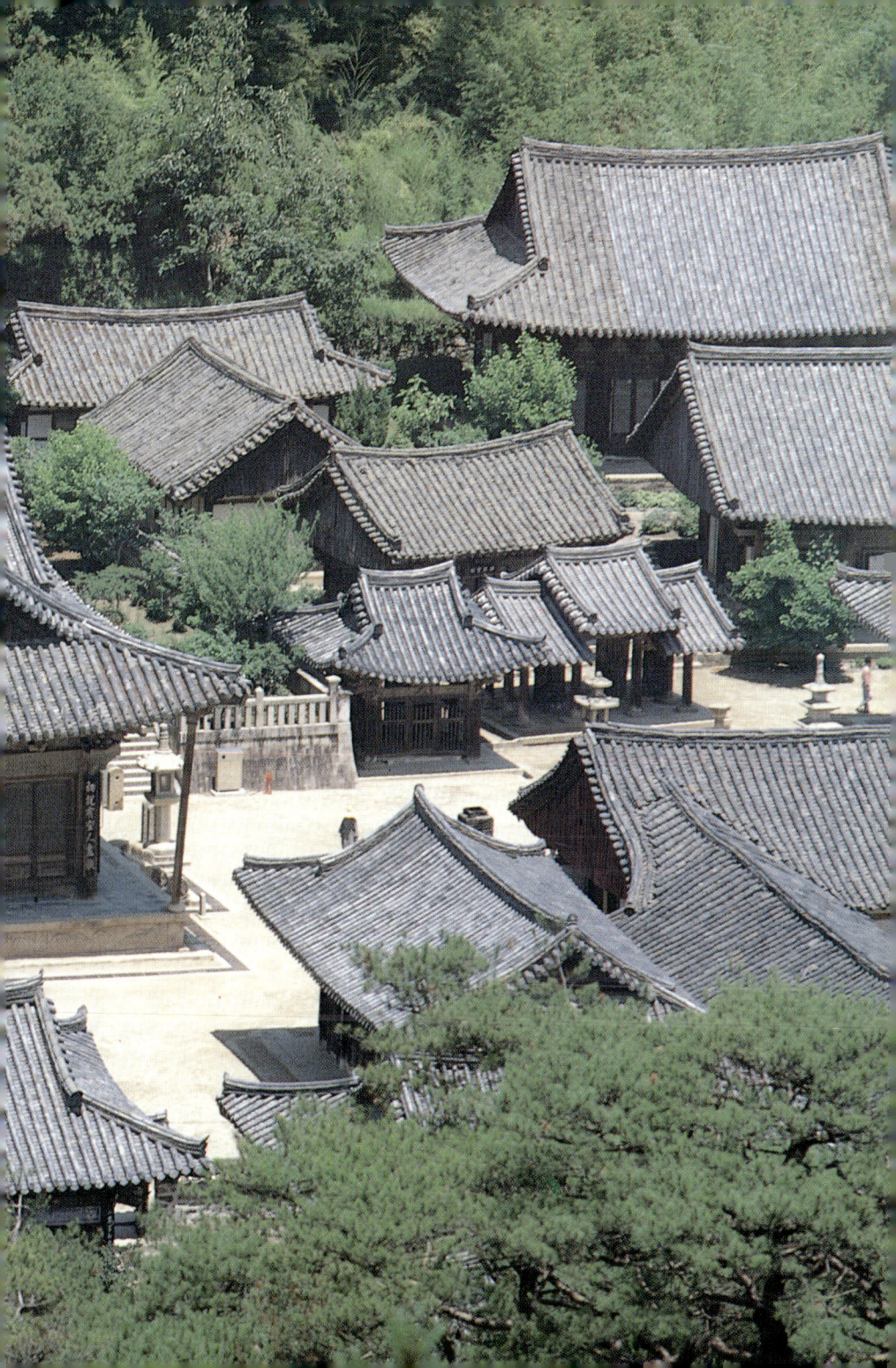

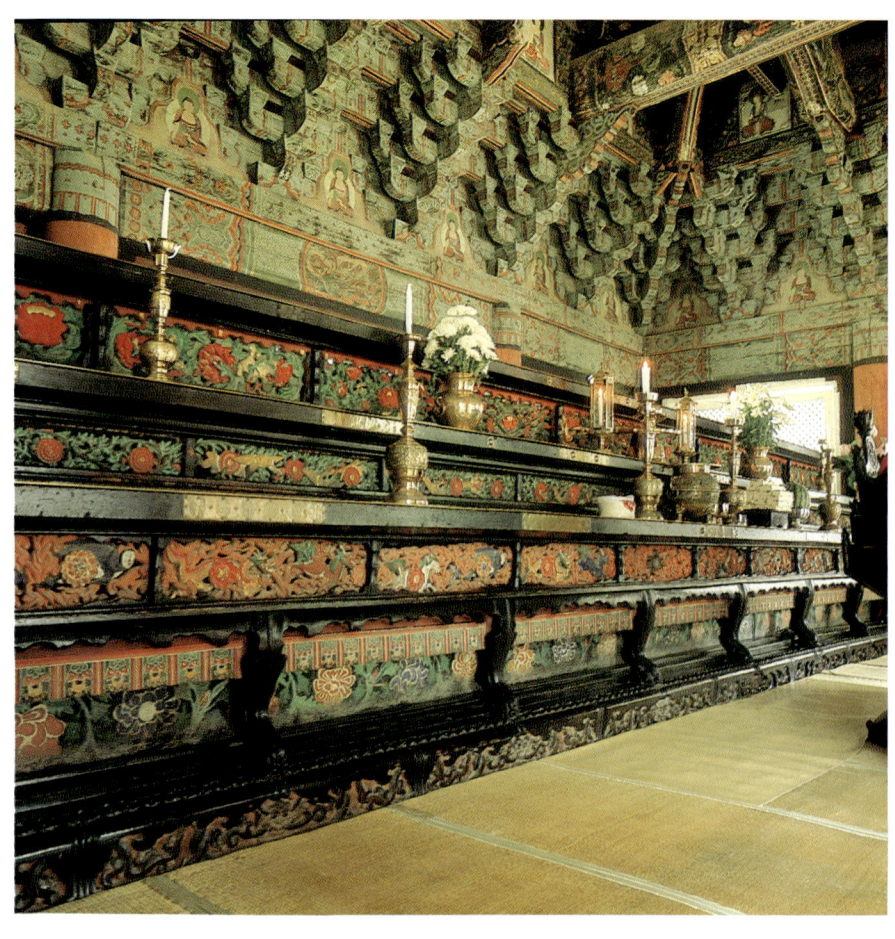

통도사 대웅전 내부　다른 법당은 좌우로 긴 장방형인데 여기 법당은 앞뒤로 긴 강당형
이다. 금강계단 쪽에 공양 드릴 때 소용되는 불탁자만이 장중하게 구조되어 있다.
탁자 앞에서 절하면 금강계단을 예배하게 되는 것이다.

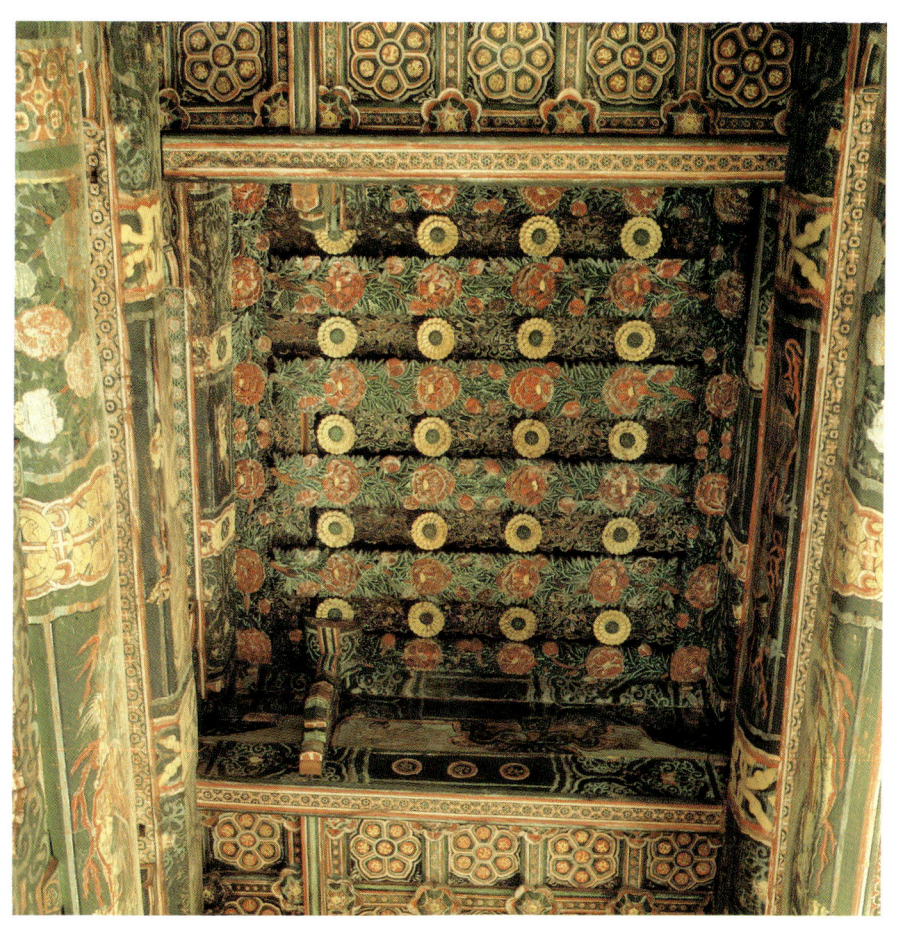

통도사 대웅전내의 장엄 좋고 아름다운 것으로 국토를 꾸미고, 훌륭한 공덕을 쌓아 몸을 장식하며 향, 꽃들을 부처님께 올려 장식하는 것을 장엄(莊嚴)이라 한다. 통도사 의 대웅전도 온갖 정성을 다하여 장엄하여 불국토(佛國土)의 이상을 실현하려 하였 다.

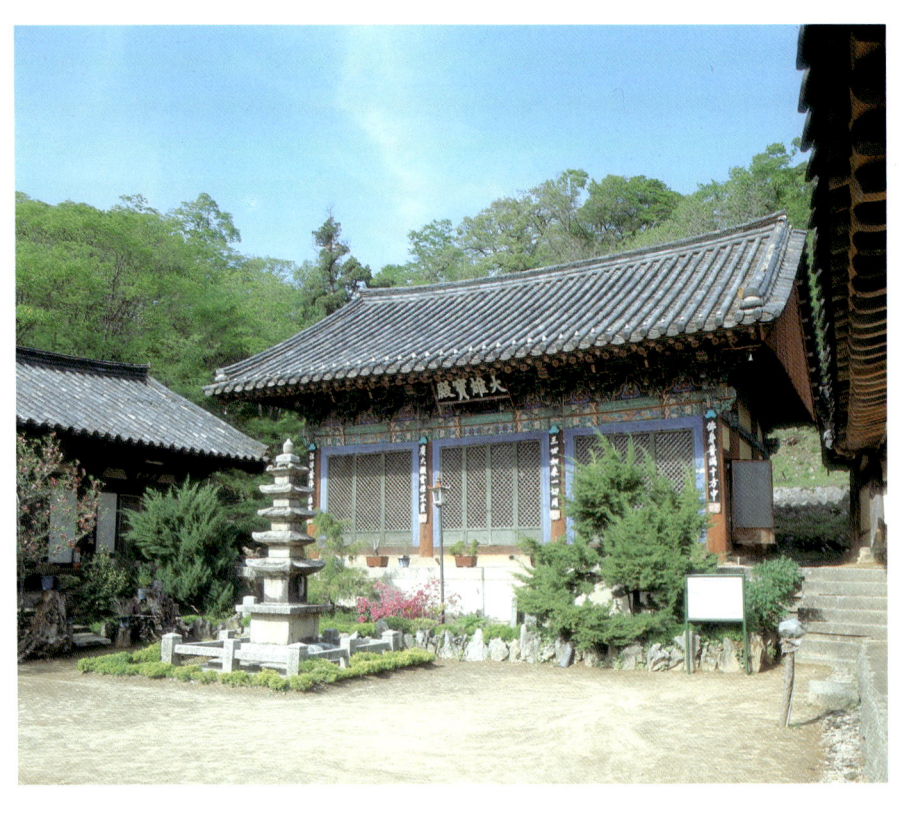

개심사 대웅보전 맞배지붕이면서 다포계의 공포 구조를 하였다. 절충형이라 볼 수 있는 조선 초기의 건물이다.

송광사 약사전 약사여래는 백성들의 모든 질곡을 물리쳐 주는 분이다. 몸의 질병뿐만 아니라 마음에 든 병이나 집에 든 재난까지를 치유하거나 소멸시켜 준다. 아픈 사람들은 약사여래가 계신 약사전을 찾아간다. 한 손에 약병을 들거나 약함을 손바닥 위에 올려 놓은 모습으로 결가부좌하고 맞이하신다.

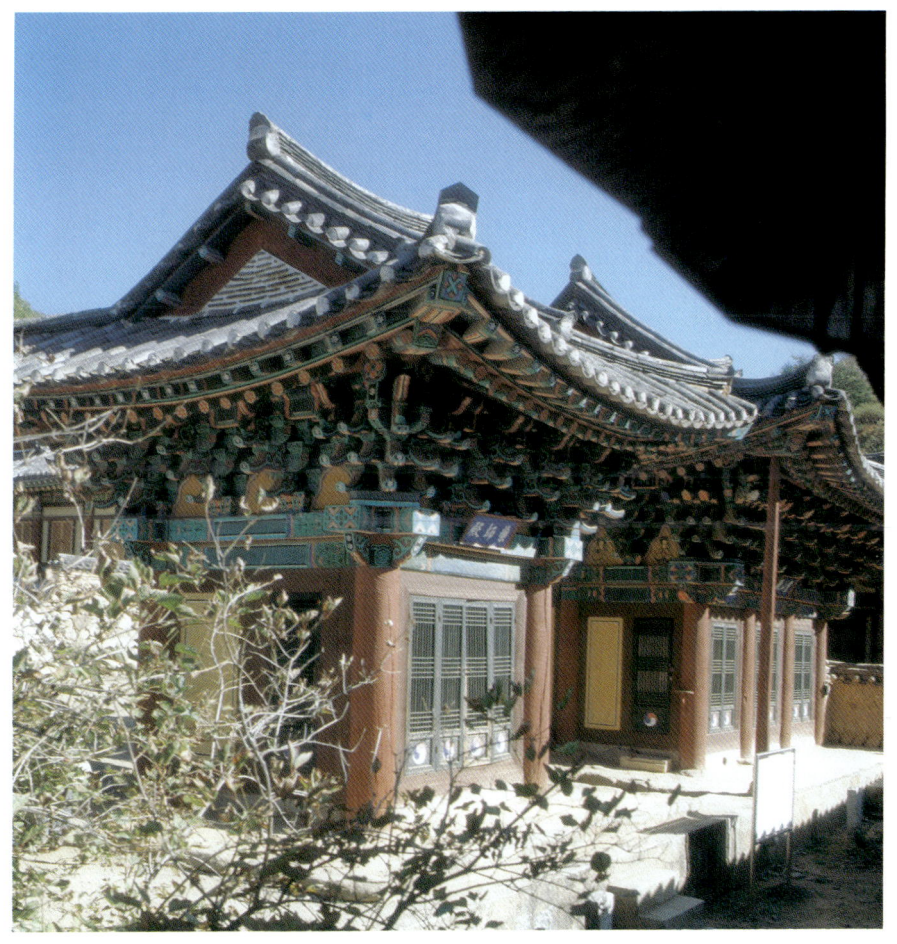

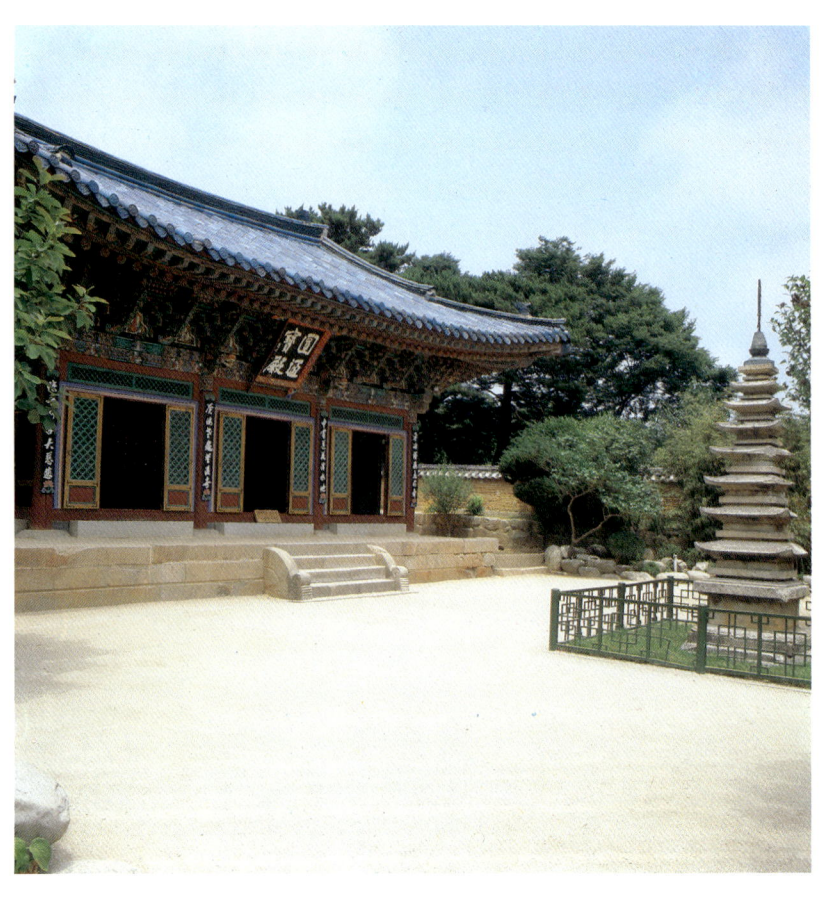

낙산사 원통보전 관음전을 원통전(圓通殿)이라 부르기도 한다. 절대적인 진리가 원만하게 탐색된다는 '주원융통(周圓融通)'에서 유래된 이름이다.

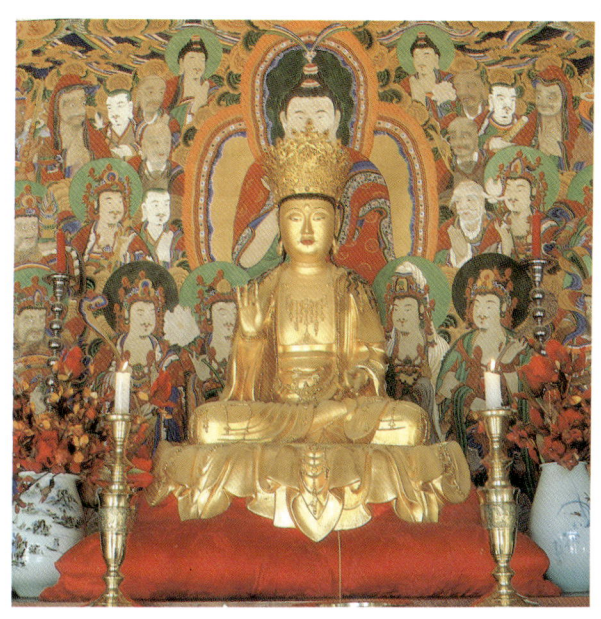

낙산사 관음 좌상 관세음보살은 중생의 모든 어려움을 구제하고 각기의 소원을 성취
시켜 주는 대자대비한 보살로 대중들에게 널리 알려져 있고 백성들의 절대적인 지지
와 귀의를 받고 있다. 관세음보살, 관자재보살을 자꾸 부르면 정성스러운 그 소리를
듣는 순간 괴로움과 고난을 소멸시켜 준다. 관음전에 관세음보살을 모신다.

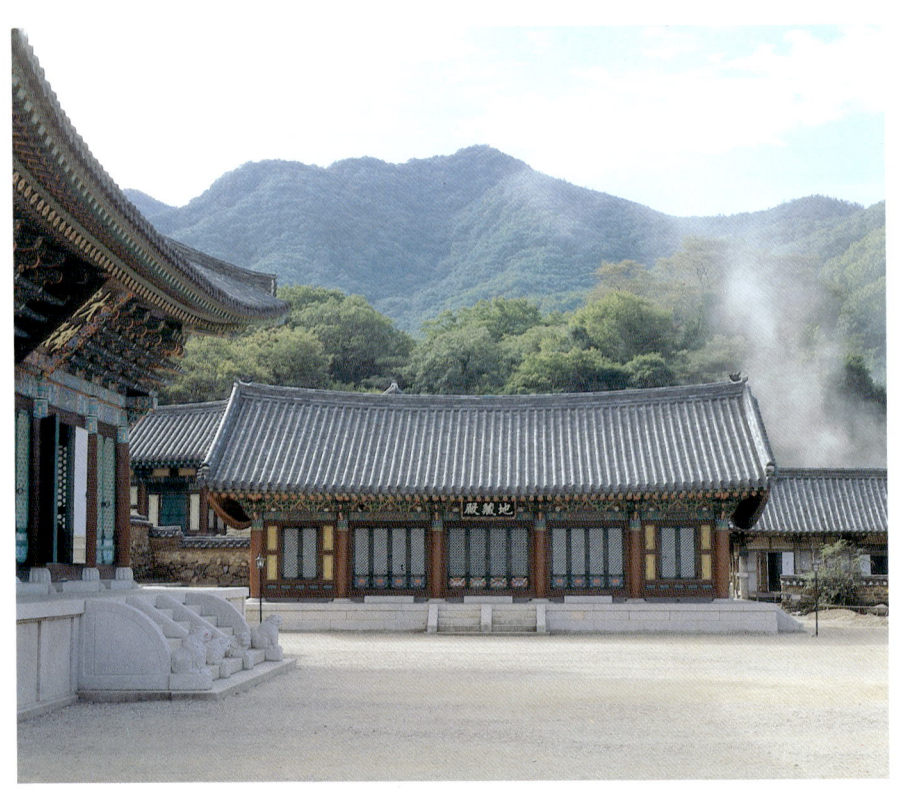

송광사 지장전 명부(冥府) 또는 시왕전(十王殿)이라고도 하는데 주존은 지장보살이
다. 지장보살(地藏菩薩)은 육도 윤회에서 고통받는 일체 중생을 구제하는 일을 서원으
로 세우고 있다.

대장경판고 고려시대에 만든 팔만대장경은 해인사 대장경판고에 보장되어 있다. 경판고는 수다라장과 법보장의 두 건물로 되어 있는데, 오른쪽 위는 수다라장의 문얼굴을 통하여 내다본 전경으로 미묘한 곡선의 아름다움을 보여 주고 있다. 아래는 경판고 전경이다.

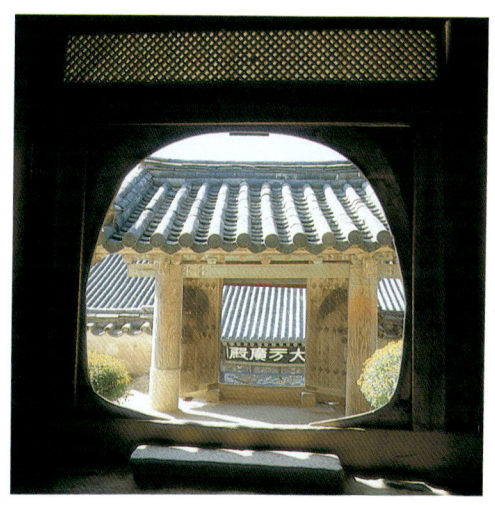

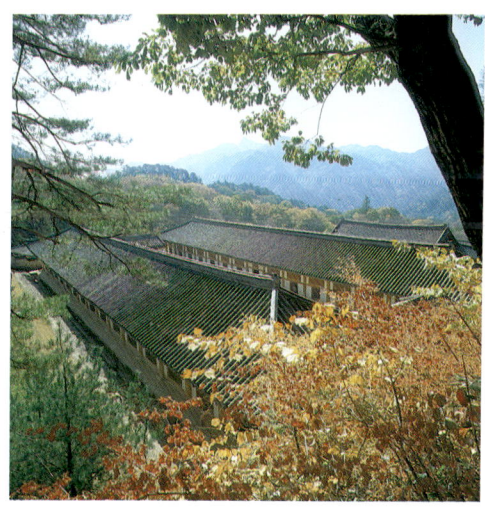

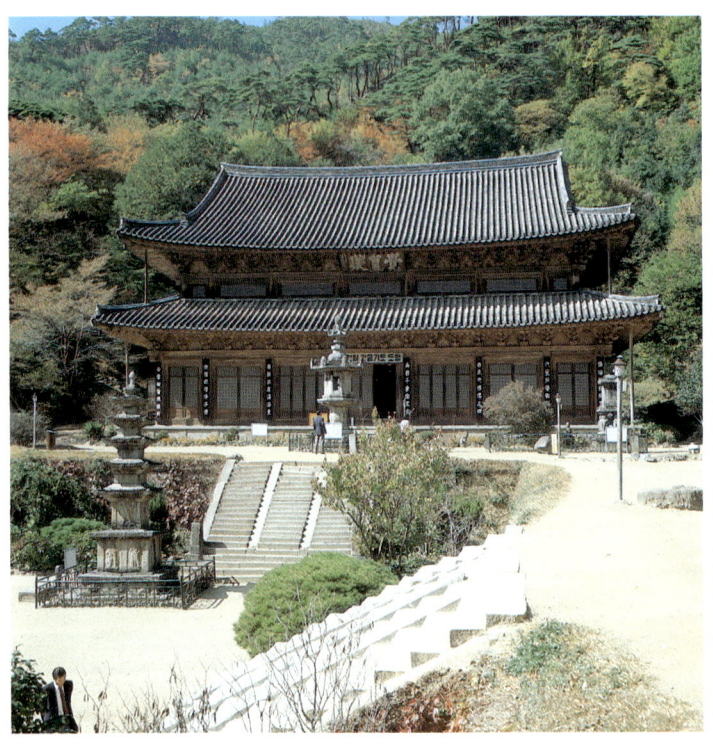

화엄사 각황전 통일신라에서는 법화경이나 화엄경을 판석(板石)에 새겨 법전에 보장
하기도 했다. 구례 화엄사의 각황전(覺皇殿)은 화엄경을 석각(石刻)한 것을 보장하기
위하여 세운 건물이다. 오른쪽은 각황전의 정교한 서까래 구조이다.

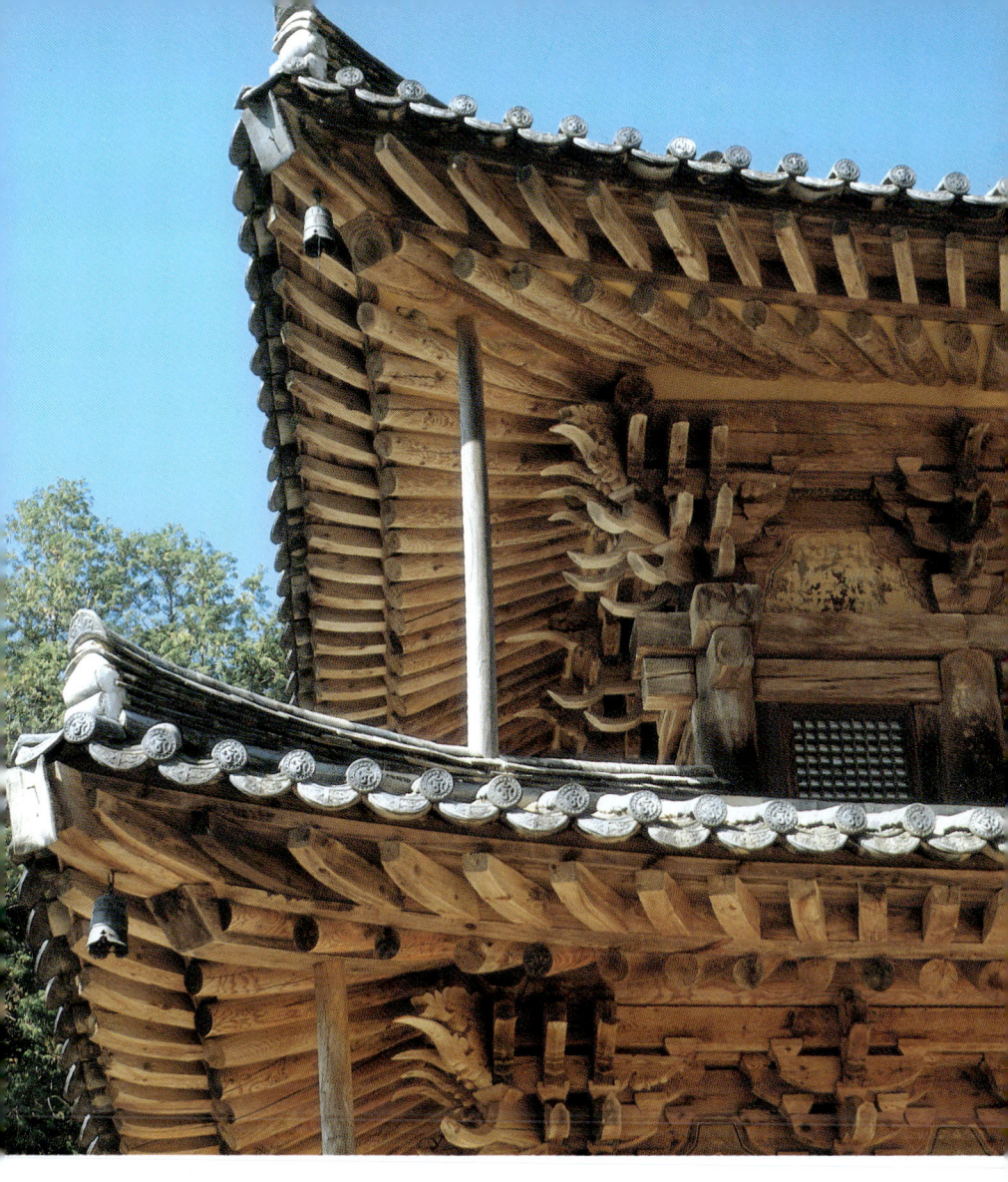

41

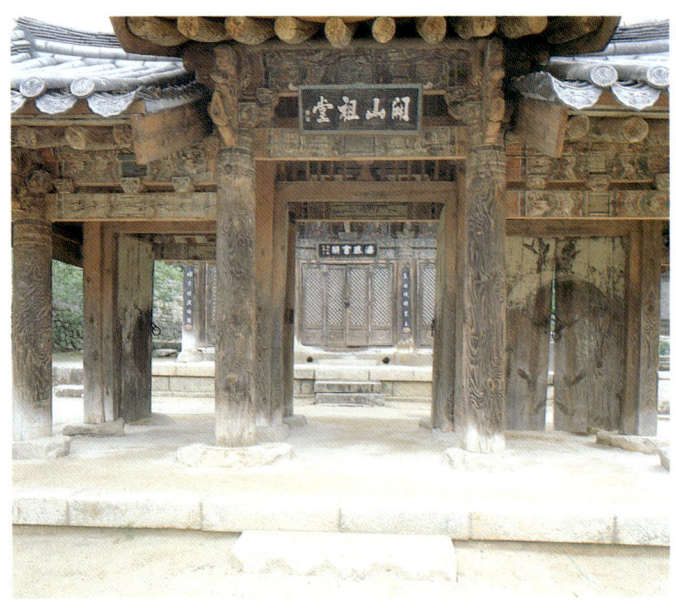

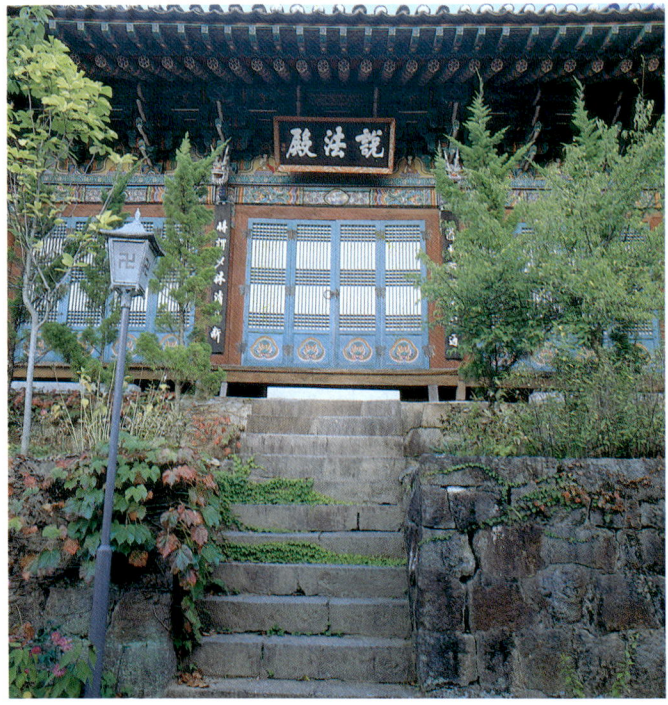

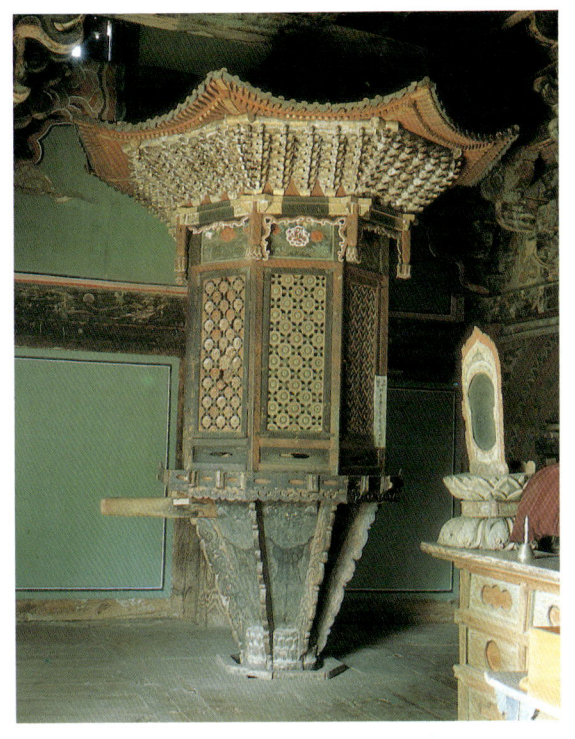

통도사 개산 조사전과 삼문 조사를 존중하기 위하여 경내에 조사전(祖師殿)을 짓고
 거기에 조사의 영정을 봉안하고 제의를 받들기도 한다.(왼쪽 위)
송광사 설법전 조계산 송광사에는 설법전(說法殿)이 있다. 비구들이 진리의 법을 설하
 는 장소이다. 부처님이 장려하시던 일을 여기에서 한다.(왼쪽 아래)
윤장대 대장전 안에는 불법의 경문을 보장하는 윤장대가 두 틀 마련되어 있다. 밑둥을
 팽이처럼 하고 손잡이를 부착하였다. 빙글빙글 돌려 가면서 염송할 수 있게 하였다.
 그런 윤장대를 보관할 귀한 법전이라 해서 대장전(大藏殿)이라 이름하였다.(오른쪽)

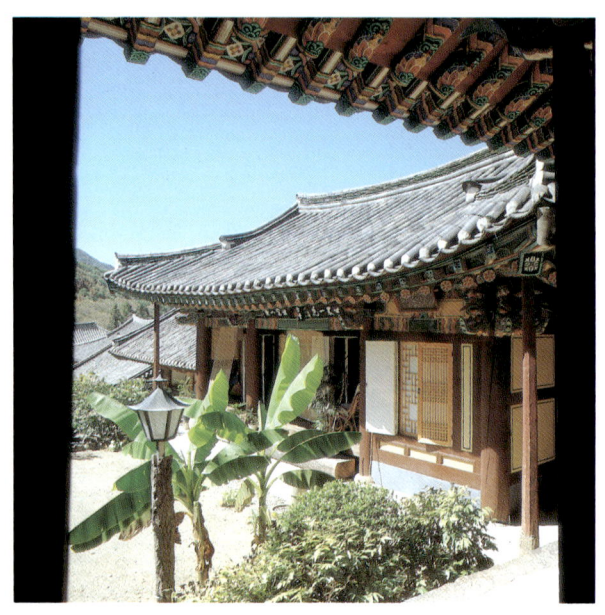

송광사 미소실 백성들은 스님을 개인의 인격으로도 받아들이지만 승보(僧寶)의 신앙
대상으로 받아들이기를 바라기도 한다. 승방은 그런 승보들이 수행하여 기거하는
처소라는 점에서 신도들에게는 신비한 곳이기도 하다.

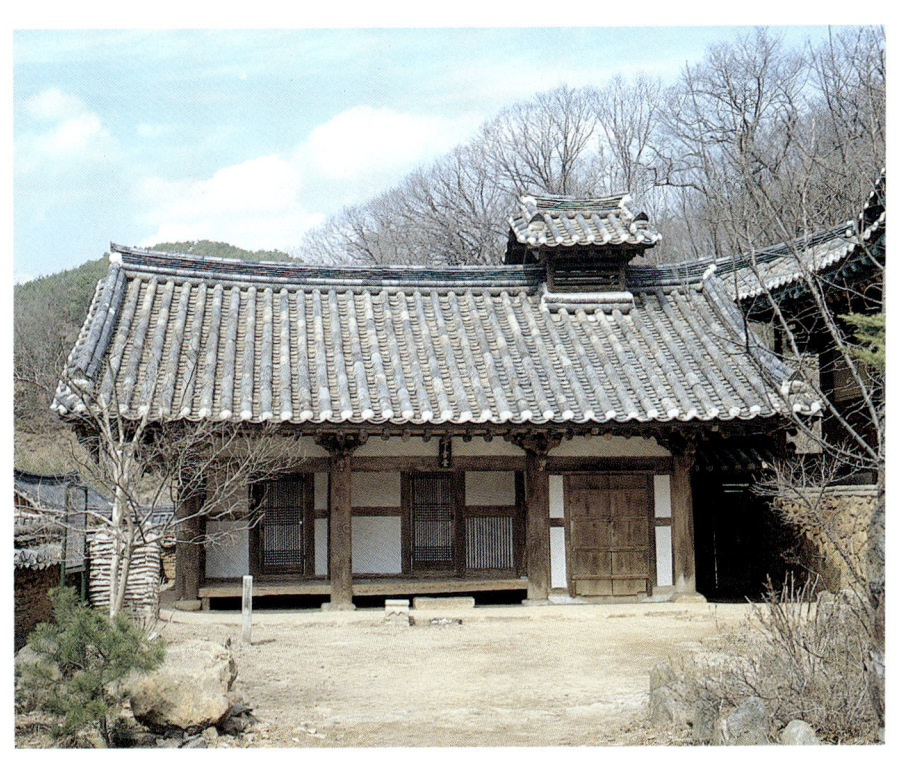

송광사 하사당 밥을 짓고 대중이 모여 버릇대로 공양하고 신도를 공궤하며 기거하는
일이 이루어지는 곳이 승방이다. 후원이라고도 하고 삼묵당(三默堂)이라고도 한다.
송광사의 승방 건물인 하사당(下舍堂)이다.

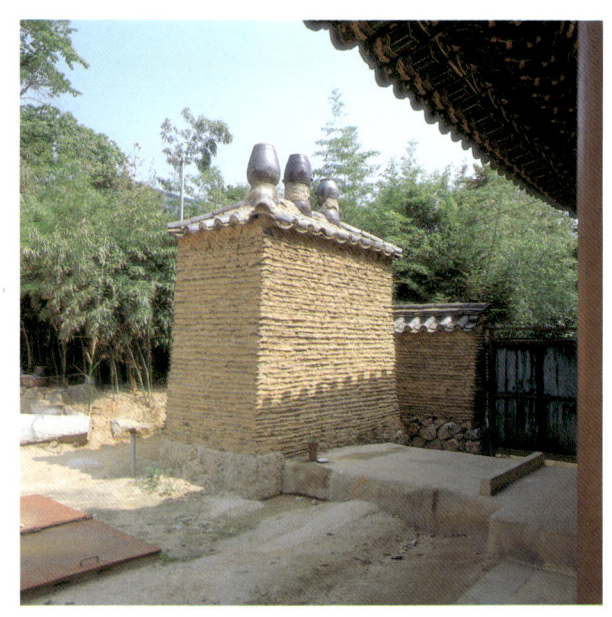

요사채 굴뚝 스님들의 거주 공간인 요사채에서는 모든 일상 생활이 이루어진다. 황토와 기와로 벽체를 쌓고 옹기를 엎어 연가를 삼은 요사채의 굴뚝이다.

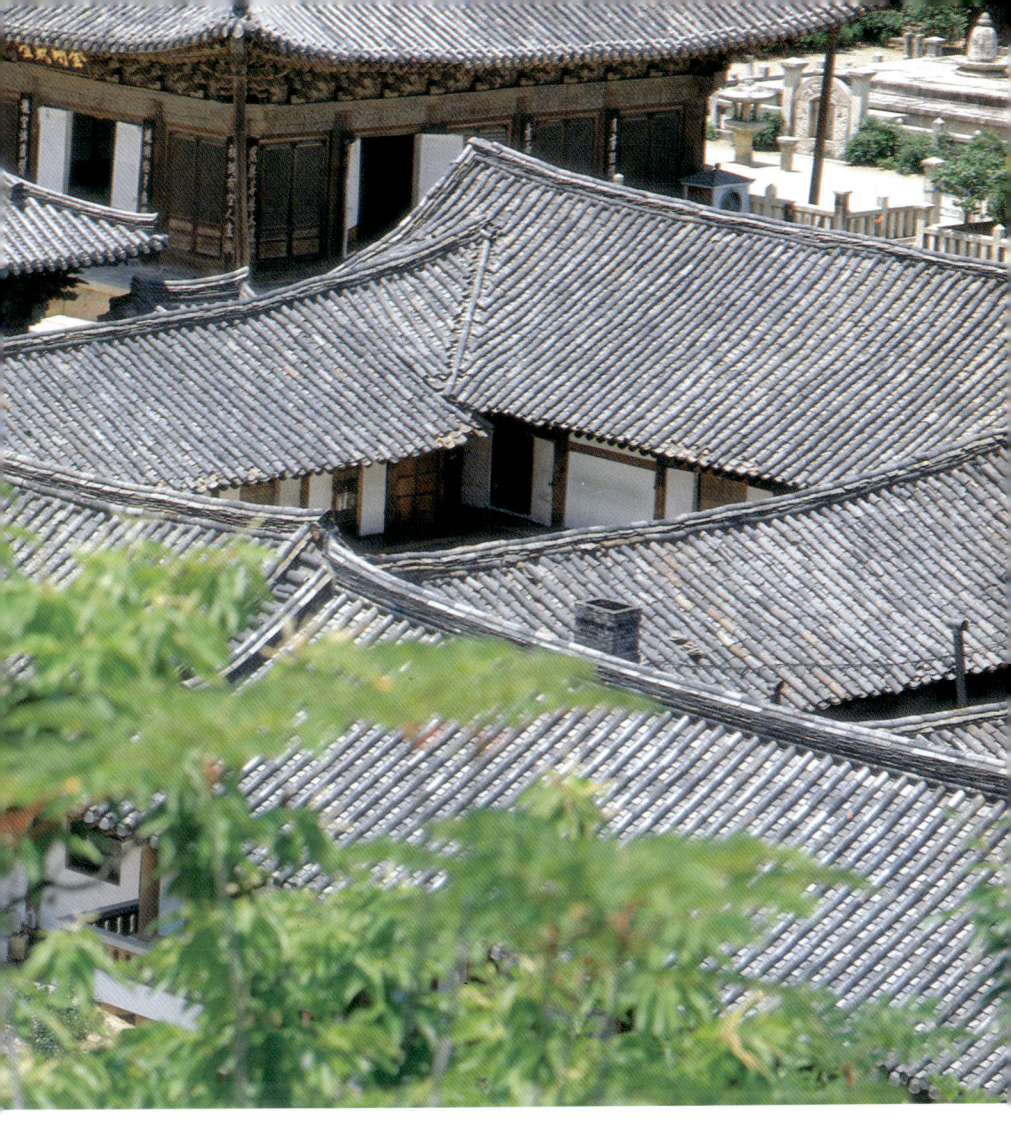

요사채 통도사의 요사채이다. 다른 전각과는 격리되어 한곳에 밀집되어 있다.

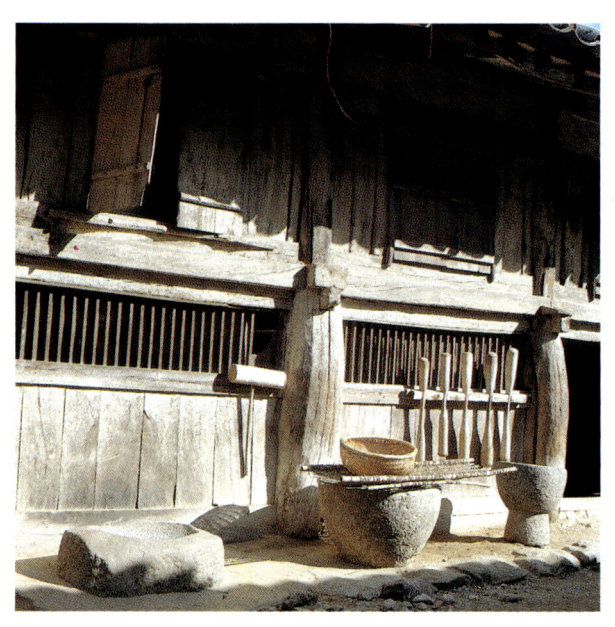

송광사 후원　속칭 후원이라 하는 곳은 요사채에 소속되어 있으며 원주스님 지휘 아래
　먹고 자는 일이 진행된다.(왼쪽)

해우소(解憂所)　하루를 걸러도 어렵고 때를 지체해도 어렵다. 얼른 해결해야 시원하고
　가뿐해진다. 배설은 인간에게 요긴한 것이었다. 신라 때도 마찬가지였다. 불국사에는
　신라인들이 사용하던 매화틀과 부춧돌들이 남아 있다.(오른쪽 위, 아래)

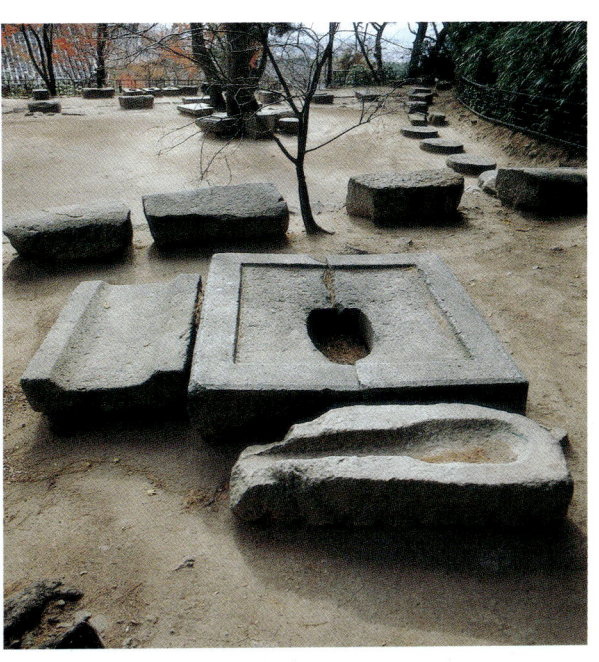

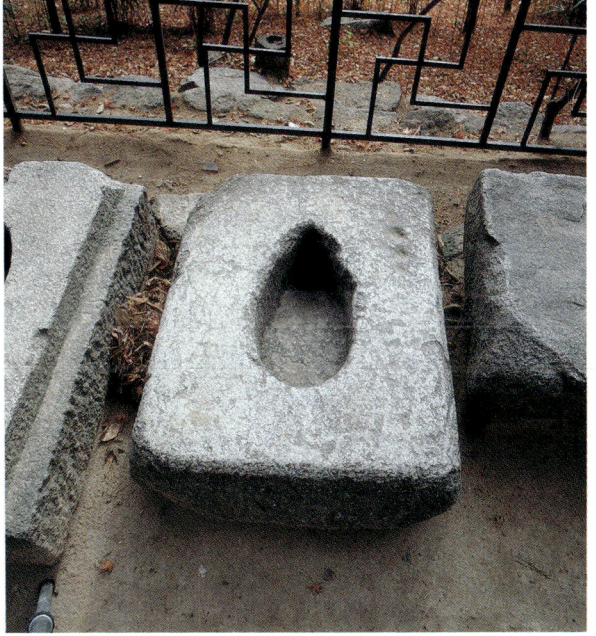

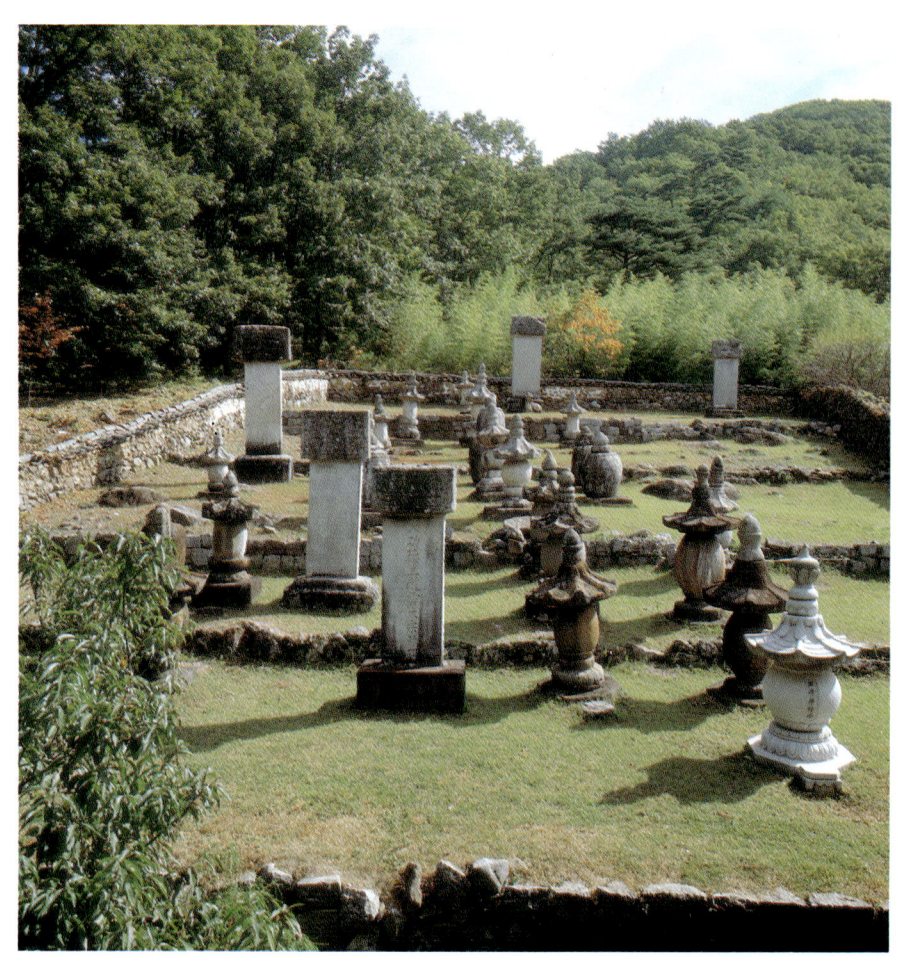

송광사 부도밭 누구나 죽는다. 스님들도 입멸한다. 옷을 갈아 입는다고도 말한다. 다비
하여 사리를 수습한다. 제자들은 공을 들여 사리탑을 조성하고 사리를 보장한다.
이를 부도(浮屠)라고도 부른다. 그런 부도들이 절에서 조금 떨어진 정결한 장소에
모이는데 오래 된 절엔 그 수가 많다. 그런 곳을 부도밭이라 부른다.

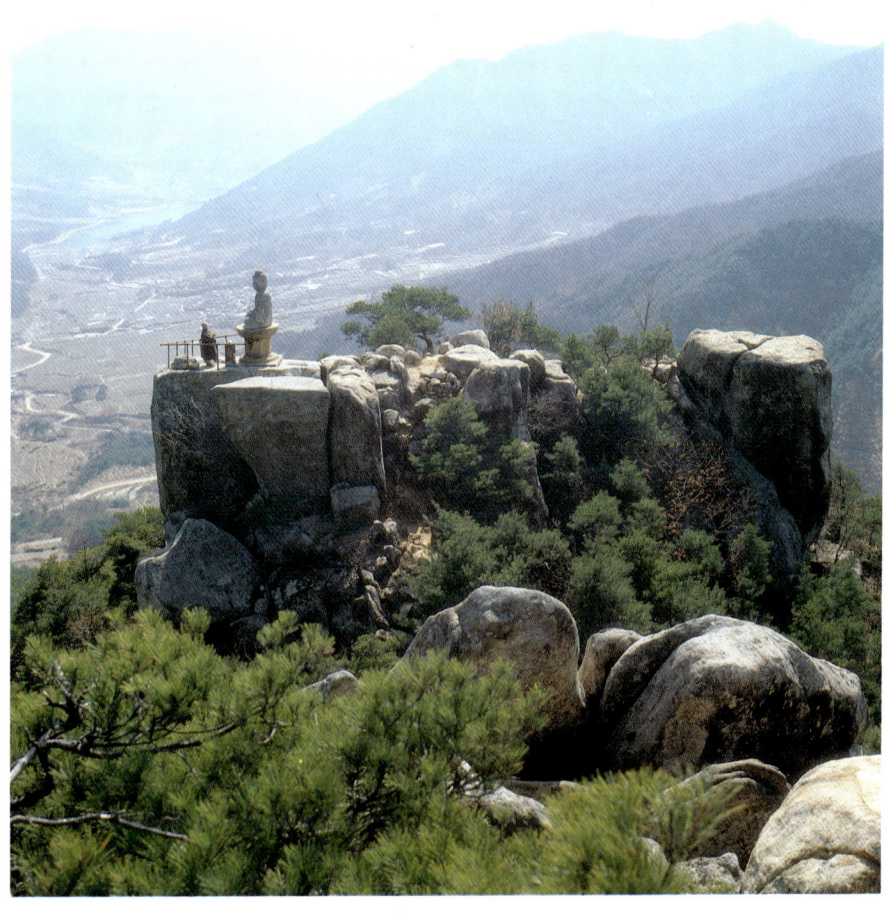

관룡사 반야용선　극락으로 가는 길은 여러 가닥이라 한다. 배를 타고도 갈 수 있다고 한다. 그런 배가 곧 떠난다고 한다. 반야용선이 배의 이름이다. 그 배는 거대한 바위로 만들었다. "자, 떠나기 전에 그 배를 타러 가십시다. 극락으로 가보십시다. 마음을 잘 쓴 흔적이 지극하면 그 배를 탈 수 있는 자격이 있답니다."

사원 건축

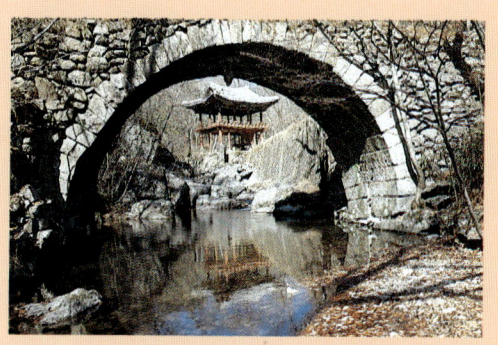

절간

　절간에 가신다는 할머니 따라 산으로 갔다. 개울 건너 숲을 지나면서 봉우리가 구름 아래 솟아난다. 봉우리 바라보며 한 등성이 넘었더니 조금 평퍼짐한 터전이 나온다. 큰 칼로 내려친 듯한 바위가 병풍처럼 둘러쳐진 것이 마치 아늑한 방과 같은 곳이다. 병풍 앞쪽에 잘생긴 바위가 좌정한 듯이 자리잡고 있다. 낯설지 않다. 이미 많은 사람들이 다녀간 듯한 익숙함에 안정된 분위기로 차분하다.

　맑은 물이 고이는 샘이 한쪽에 있다. 옹달샘이다. 다기에 담아 잘생긴 바위 아래 놓는다. 반듯한 자리가 있어 올려 놓기에 맞춤이다. 향 부스러기와 촛농들이 흩어져 있다.

　수없이 절을 하시면서 되뇌이신다. 되뇌는 소리가 빨라지면서 절하는 속도가 더 붙는다. 집에서 뵙던 병약한 할머니가 아니시다.

　바위가 점잔을 빼더니 할머니 절을 받아 맞절하는가 싶다. 절의 속도가 빨라지면서 바위가 다가서는 듯하더니 마침내 바위가 할머니에게 빠져드는 듯하다. 할머니와 바위가 이젠 더 이상 둘이 아닌가 보다.

　봉우리 위로 하이얀 구름이 두 번이나 머물고 간 뒤에야 할머니의 절은 끝이 났다. 바위는 제자리에 다시 돌아가 앉아 있고 할머니 잔등엔 땀이 배었다.

　할머니는 신식 공부를 하지 못하셨다. 특별히 아는 바나 뛰어난 식견을 지니신 분도 아니다. 그저 심덕이 너그러운 시골 할머니일 뿐이다. 빈둥대는 손주를 대동하신 것은 보나마나 손주를 위한 치성을 드리고 싶으셨기 때문이었다. 손주들이 잘 되어야 집안이 번창한다는 염원에서 절간에 가셨고 지극정성으로 절을 하셨다. 소홀하면 안 된다는 신념이 마음 속에 가득하여서 자신을 잊을 만큼 지성

속에 빠지신다.

할머니에겐 그 바위가 무엇이어도 좋다. 바위에 무엇이 새겨져 있지 않아도 전혀 상관이 없다. 바위와 같은 마음이 될 수만 있다면 그것으로 만족스러운 것이다. 무엇이 있어 오히려 마음을 쓰게 하여 빠질 수 없게 한다면 그런 것은 있지 않는 편이 더욱 좋다.

할머니의 절간은 지극한 마음으로 가득 차 있다. 그런 절간 위로 하이얀 구름이 넌지시 떠 있다.

화엄사 원통전

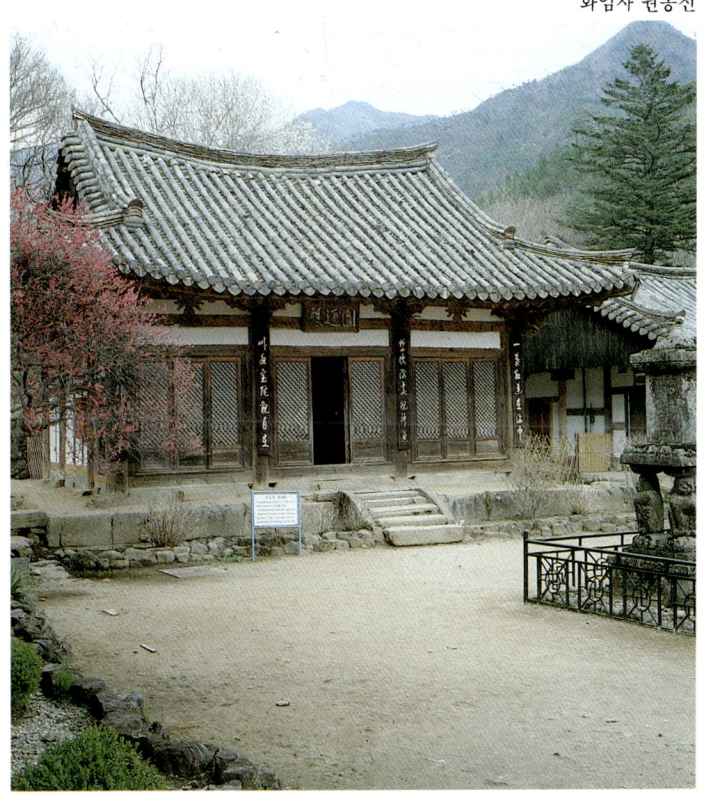

바위 속의 부처님

일연 스님이 「삼국유사」를 쓰셨다. 궁금한 일이 있어 현장에 살펴
보러 나간다. 「삼국유사」의 기록이 상당히 적실(的實)하다는 사실을
깨닫는다. 그래서 우리들은 「삼국유사」를 신뢰하고 있다.

「삼국유사」엔 퍽 흥미로운 서술도 있다. 우쭐대는 임금님과 분수
를 어긴 대덕 스님 골탕먹이는 대목도 있다.

허술한 차림의 스님이 임금님이나 이름 떨치는 대덕 스님의 호사
스러운 잔치에 슬쩍 끼어든다. 눈치 빠른 사람들에 의하여 곧 들통
이 난다. 허술한 차림의 스님은 망신을 당하거나 쫓겨날 위험에
처한다.

허술한 차림의 스님이 귀가 번쩍 뜨이는 법문을 하고는 어느덧
사라지고 만다. 뒤늦게야 아차 깨닫는다. 정신을 수습하고 찾아보니
이미 허름한 스님은 자취를 감추었다.

여럿을 독촉하여 수소문하게 한다. 서라벌 모기내 건너 남쪽에
솟아 있는 산으로 그런 차림의 스님이 올라가시는 것을 보았다는
전갈이 당도한다. 급히 뒤쫓아가 보게 한다. 어느 절에 사시는 어떤
스님이신지 알아보고 오라는 당부도 잊지 않는다.

돌아와 아뢴다. 허름한 차림의 스님은 간곳없고 단지 그의 것으로
보이는 바리때와 석장이 바위에 기대어 있었을 뿐이더라고 한다.
바리때가 있는 바위에는 부처님의 형상이 모셔져 있어 벌써부터
향화(香火)를 받들어 오던 곳이라고도 말한다. 그제서야 부처님이
다녀가신 줄 깨닫고 참회하면서 다시는 그런 경거망동을 삼가게
된다.

서라벌 도성 남쪽에 우뚝 솟은 산을 지금도 남산(南山)이라 부른

다. 무수한 바위들이 산에 가득 차 있다. 멀리서 바라다보아도 가득 찬 바위들이 웅기중기하다.

산에 가보면 바위들은 여러 형상이다. 잘생긴 바위도 있고 우람하게 자리잡은 바위도 있다. 너럭바위도 있고 벼랑을 이룬 바위도 있다. 짐승 같은 바위도 있고 잘생긴 바위도 있다. 그런 바위들 중에 바리때 놓고 지팡이 기대어 있는 부처님 사시는 바위도 있다.

삼신

벼랑바위와 마주 앉았다. 주름이 많은 늙은 바위의 키가 훤칠하다. 십여 발이 넘을 만큼 넓기도 하다. 넓은 바위 구석구석에 무명(無名)이 가득 차 있더니 생각에 좇아 한 가닥씩 주름 타고 흘러나오면서 항복을 한다.

마주 앉은 마음에 환희가 솟구친다. 무명이 스러진 자리에 어느덧 진성(眞性)이 배어 나왔다. 진여(眞如)의 아름다움에 기쁨이 샘솟는다. 기쁘면 노래라도 부르고 싶어진다. 콧노래의 박자가 발가락에 이어진다. 발가락이 율동하면 어깨짓이 난다. 더덩실 일어나 춤을 춘다. 바위 앞의 춤은 공경하는 큰 절이 된다. 오체투지하는 환희의 절이 된다.

바위는 내게 법신불의 모습이다. 춤을 추는 동안 법신불은 내 몸에 들어앉아 함께 박장대소한다. 구름도 떠다니는 일을 멈추었고 흐르는 물도 잠깐 갈 길을 멈추었다. 바람도 멎어 춤을 구경하는 동안에 어느덧 허다한 세월이 흐른다.

춤에서 깨어나 보니 주름진 바위는 텅 비어 있었다. 무수히 절을 올리면서 보신불이 거기 계셔야겠다는 원을 세웠다. 구름이 피어오르고 물이 소리쳐 흐르고 바람이 다시 나부끼는 시절이 되면서 부처님의 화신이 바위 속에 들어앉으신 모습을 뵙게 되었다. 주름진 바위 틈새로 화신불 모습이 간간이 들여다보인다.

불을 밝힌다. 별들이 총총한 밤에 불을 밝힌다. 낮에 보던 무수한 바위 주름살은 희미해지고 가물가물 드러나 보이던 화신불의 모습이 명료하게 떠올라 보인다. 신이 나서, 신바람이 나서 낮에도 늘 뵙고 싶은 마음이 되었다. 절간을 지어 바위 주름 보이지 않게 볕을 가렸다. 문 닫고 들어앉아 불을 밝힌다. 총총한 별빛 아래 불을 밝히고 뵙던 모습이 다시 되었다.

천년이 넘는 세월에 풍상이 있었다. 별이 총총한 날 밤에 밝게 불을 밝힌 이들이 있었다. 낮에 보던 바위 주름이 가시면서 모습이 드러났다. 화신불은 지금도 거기에 계신다.

산 속의 맑은 터전

백두대간(白頭大幹)은 신라가 북방에 드나드는 큰 길이었다. 능선을 타면 한 번도 내려서지 않은 채로 다닐 수 있다. 진흥왕이 북방을 순수(巡狩)하며 황초령(黃草嶺)이나 마운령(磨雲嶺)에 당도하여 비석을 세운 것도 이 길을 이용하였기에 가능하였다.

스님들도 이 길로 해서 중국에 왕래하였다. 자장율사도 이 길을 이용한다. 부처님의 사리를 모시고 돌아오는 길에 이 길가의 설악산 봉정암(鳳頂庵)과 태백산의 정암사(淨巖寺)를 경영한다. 정암사엔 수마노탑(水瑪瑙塔 ; 수마노라 칭하는 돌을 벽돌처럼 만들어 전탑처럼 쌓은 탑. 지금도 상륜부까지 완전하게 남아 있음)이 있었다. 이 길의 남쪽 끝에 해당한다고 할 수 있는 영취산(靈鷲山) 통도사에도 진신사리를 봉안한다.

이런 연고도 있고 해서 우리나라에서는 산에 가람(伽藍)이 들어

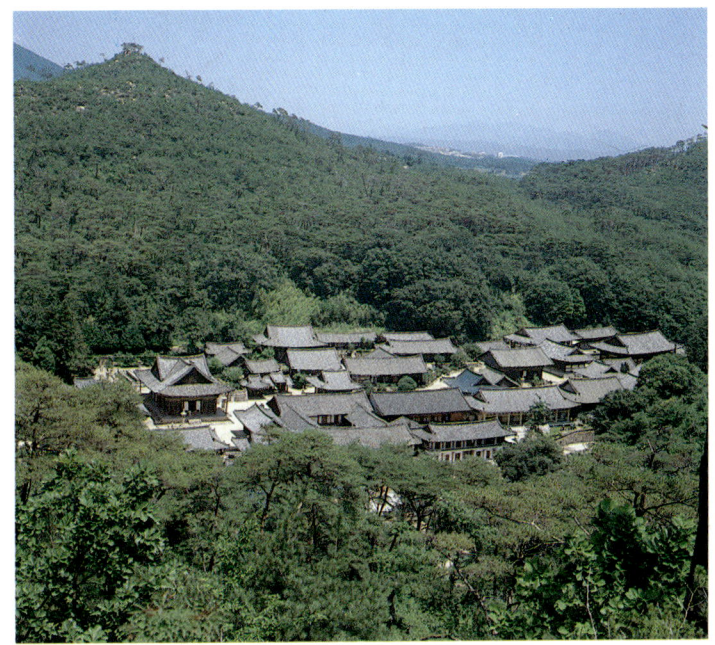

앉는 인연의 도량이 된다. 도회지 번화한 터에 넓은 자리를 차지한
번성한 가람을 경영하던 시대도 있었다. 지금도 발굴 등을 통하여
확인되고 있는 유지(遺地) 등으로서도 그런 대사원을 알 수 있다.
그러다가 구산(九山)의 선문(禪門)이 발전하게 된다. 산에 유수한
도량이 경영되고 이후로 추세가 되어 많은 절들이 산 속에 들어앉게
된다.

　지금도 이름 있는 절간은 대부분 명산에 자리잡고 있다. 절에
가려면 으레 산을 찾아야 되었다. 지금은 다들 절이란 산에 있는
것으로 이해하고 있다. 절이 없는 산은 명산으로 여기지 않는 풍조
도 생겼다. 절로 인해서 산이 더 유명해지기도 한다.

명당의 터전

　어떤 지사(地師)의 설명이다. 우리나라 산천은 그 형상으로 보아 백두산이 근거가 되는데 나무로 치면 뿌리에 해당한다고 말한다. 나무는 남해 쪽으로 머리를 두고 무성하게 자랐다.

　잘 자란 나무에 탐스러운 꽃이 피었다. 크고 작은 꽃이 가득 피었다. 더러 봉우리진 것도 있고 아직도 망울인 채로 있는 것도 있다. 같은 나무에서 자랐지만 꽃은 제각기 다르다.

　명당이란 이 꽃과 같은 것이라고 지사는 설명을 계속한다. 뛰어난

미륵사 터

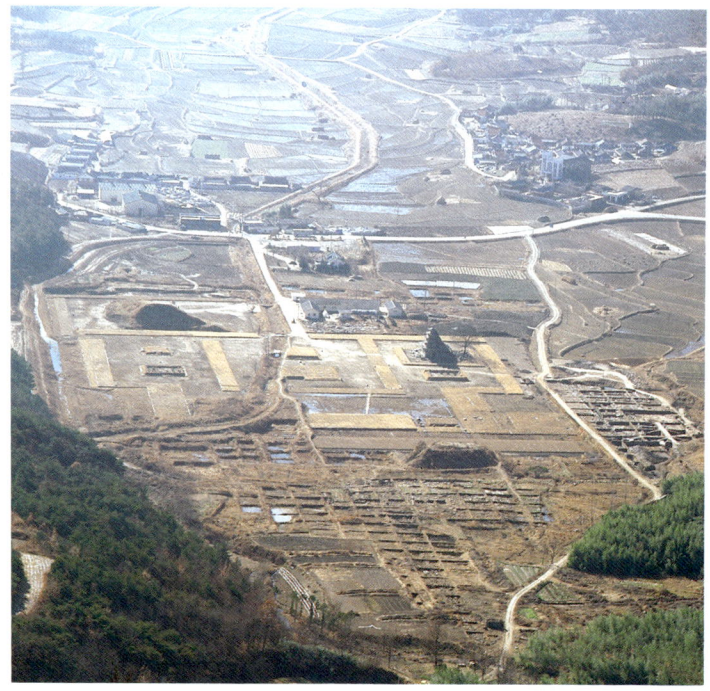

명당이란 꽃 중에서 가장 탐스러운 꽃과 같은 것이고 그만 못한 곳은 발육이 저만 못한 꽃과 같은 것이라고 말한다.

하고많은 명당 터에 절을 지었으런만 절의 수명이 제각기인 것은 명당의 명운에 따르는 노릇이라 한다. 무엇에나 영고성쇠가 따르기 마련이라면 명당에도 그런 원칙이 적용되는 것이라 말한다.

조계산 송광사는 보조국사(普照國師) 지눌(知訥;1158~1210 년)이 머물던 때부터만 계산하여도 700년 가까운 세월이나 지속되어 오고 있다. 기가 장한 터에 자리잡았기 때문이라고 지사들은 해석하고 있다.

조계산의 한쪽엔 송광사가, 맞은편엔 선암사가 두 개의 꽃송이처럼 탐스럽게 피어 자라고 있다. 조계산은 모후산(母后山)이 받쳐 주고 있다고 한다. 어머니 품속에 아늑하게 자리잡고 있다는 것이다. 그 따뜻한 기가 식지 않아 두 송이의 꽃은 오랜 세월 만발한 채로 지속되어 온다고 말한다.

송광사는 다른 절과 다른 점이 있다. 대웅보전이 중심곽에 자리잡아 자방에 해당하는 자리를 차지하였다. 이로 인하여 대웅보전 뒤편에 여러 채의 승당들이 들어서게 되었다. 선암사(仙巖寺)도 이와 유사한데 다른 절에서 대웅전을 제일 깊은 자리에 위치시키는 방식과는 다른 규범이다.

우리나라 절은 지리설에 깊은 연관을 가지고 있다. 고려 태조 왕건과 더불어 국토를 재구성한 도선(道詵;827~898년)국사 이래의 관심이 지속되어 온다고 할 수 있다.

가람의 경계

「태종실록(太宗實錄)」을 보면 태종 이후로 보존해야 할 절을 가려

실은 부분이 있다. 가려 뽑은 절에는 토지와 노비들을 나누어 주었는데 200결(結)도 주고 그 이상의 토지도 주었다. 회암사(檜巖寺)와 같은 절에는 그보다 훨씬 넓은 토지를 분배하기도 했다.

신라 때에도 나라에서 토지를 내려 주는 제도가 있었다. 청도 운문사(雲門寺) 둘레에 마흔일곱 개의 말뚝을 박아 경계를 표시하였다고 한다. 그만큼 소유한 토지가 넓었던 것이다.

통도사(通度寺)의 경계도 상당히 넓었다. 역시 돌로 비석을 세워 경계선을 나타내었다. 지금도 남아 있는 국장생석표(國長生石標)가 바로 그것이다.

글을 써서 새긴 비석 형태의 석표 이외에도 사람 모습 비슷하게 깎아 세우기도 한다. 이를 장승이라 하는데, 보통은 나무를 깎아 만들었으며 마을 어귀의 장승들처럼 절에 들어서는 경계선에 장승을 세워 표시하기도 하였다.

나무 장승은 썩거나 상하기 쉬운 탓으로 그 때마다 바꾸어 세워야 했다. 그러나 여러 곳에 세운 장승들을 때에 따라 다시 세운다는 일은 쉽지 않았다. 그리하여 오래도록 썩지 않는 돌을 사용한 돌장승들이 여기저기 세워지기에 이른다.

지금도 돌장승이 서 있는 절을 여러 곳에서 볼 수 있는데 대체로 호남 지방에 집중되어 있다. 백제 이래로 돌 다루는 솜씨가 이쪽 지방에 존속되고 있음에 그 연유가 있지 않나 생각한다.

산문(山門)

김제 땅의 금산사(金山寺)에 가면 절에서 이만큼 떨어진 어귀에 홍예 튼 돌문이 있다. 견훤(甄萱)을 가두기 위하여 아들 신검(神劍)이 금산사 둘레에 성벽을 쌓았었는데 돌문이 그 때의 성문이었다

한다.

백제 도성 소부리에 유명한 왕흥사(王興寺)가 있었다. 의자왕이 피신한 뒤에도 스님들은 절 둘레의 성벽에 의지하고 나당 연합군과 항쟁한다.

중요한 사찰에는 사찰 보호를 위한 성이 설비되어 있었다. 이 제도는 조선조에도 계속된다. 세조(世祖)도 낙산사에 귀중한 것을 시주한 뒤에 보호를 위하여 성벽을 쌓고 문을 낸다. 지금도 문과 성벽의 일부가 남아 있다.

낙산사의 성벽은 가깝게 둘러져 있지만 다른 곳은 넓어 문이 이만큼 떨어져 있다. 그런 문을 산문이라 부르기도 하였다.

산행길

절에 가신다는 할머니 손잡고 손녀가 따라나섰다. 오랜만에 산에 가는 길이라 손녀는 신이 났다. 차를 타고도 얼마를 가서야 할머니는 차에서 내렸다.

마을을 지나서 길은 깊은 산골짜기로 이어져 있다. 깡충거리기도 하고 노래도 부르며 손녀는 골짜기의 길을 걷는다. 개울을 끼고 걷는다. 파릇파릇 새싹이 돋아나고 있다. 어느덧 살얼음도 다 녹아내린 골짜기에서 아지랑이가 살금살금 피어 오른다.

길은 개울 따라 생겼다. 저쪽으로 구부러져 계속되고 있는 길이 빤히 보인다. 저 길을 언제나 가나 지루하게 생각될 무렵 개울가 너럭바위로 폭포가 쏟아지고 있다. 물안개까지 피어날 그런 큰 것은 아니지만 시원한 맛은 족하다. 잠깐 바위에 걸터앉아 바라다보면서 쉰다. 손녀는 벌써 깡충거리며 바위를 건너뛰어 폭포 가까이 가서 물에 손을 담갔다. 큼직한 소나무들이 그늘을 드리우고 있어 송알송

알한 땀 밴 잔등을 식히기엔 십상이다.

햇빛은 따뜻한데 그늘은 서늘하다. 땀을 식혔으니 다시 걷는다. 큰 산이 가로막는다. 골짜기가 꽉 막혀 보인다. 저쪽에 과연 길이 있어 갈 수 있을려는지 손녀 아이는 걱정이 된다. 할머니가 혹시 길을 잘못 든 것이나 아닐까 속으로 은근히 염려된다.

길은 기묘하게 감돌아 들고 있었다. 후미진 길이 얼마 동안 계속된다. 공연히 겁이 나기도 한다. 큰 짐승이라도 뛰어나오면 어쩌나 싶기도 한지 할머니도 연방 좌우를 살피신다.

막 후미진 길 벗어나려는데 바라다보니 저기 언덕 위로 법당(法幢; 장대라 속칭하는 刹竿)이 솟아 있다. 비록 윗부분만 나무 사이로 보이는 것이지만 길을 바로 찾아왔구나 하는 안도의 숨이 나온다.

새로운 기운이 솟구친다. 손녀 아이의 걱정도 다 스러졌다. 다시 깡충거리며 할머니 팔을 쥐어 흔들며 간다. 소소한 바람이 분다. 파도 소리 같은 솔잎 스치는 바람이 불었다. 아직 냉기가 다 가시지 않은 바람이 앞가슴에 스며든다.

깊은 골짜기의 절을 찾아가는 길이지만 멀어도 아주 지루하지 않게 배려되어 있다. 그래서 절로 가는 길은 재미가 있다.

월천공덕

골짜기 따라 들어간다. 파도 같은 소리가 소나무 숲을 훑고 지나간 뒤에 개울물 소리가 다시 들려온다. 큰 산 깊은 골짜기엔 차갑고 맑은 물이 흘러내린다. 물가에 절이 있다. 개울을 건너야 절에 들어서게 된다.

징검다리 놓아도 좋다. 발벗고 건너는 일에 비한다면 월등히 편하다. 외나무 다리여도 좋다. 소나무가지 꺾어다 엮어 잔다리 만들어도 좋다. 농다리를 만들어도 좋다. 긴 돌을 처억 건너지르면 더욱 좋다. 단단하기가 반석 같기 때문이다. 다릿발 세우고 돌다리 듬직하게 놓으면 아주 좋다. 사람뿐만 아니라 짐바리도 실어 나를 수 있어 더더욱 좋다.

솜씨를 부린다. 자잘한 돌을 알맞게 이맞추어 쌓아 무지개다리 완성한다. 든든해 좋을 뿐만 아니라 넌지시 바라다보기에도 매우 좋다.

부처님 뵈러 가는 길은 즐거울수록 좋다. 누구나 쉽게 개울 건널 수 있게 다리 놓는 일은 월천공덕(越川功德)이라 해서 큰일한 것으로 손꼽았다.

장대(法幢)

돛대 세우듯이 장(橦)대를 높이 세운다. 여기가 진여(眞如)의 세계임을 알리기 위함이다.

삼국시대 절터에 장대 세우기 위하여 받침대로 세운 돌기둥이 서 있다. 큰 구멍 두 개를 아래위로 맞뚫은 화강석으로 다듬은 기둥이다. 준수하게 다듬어 빼어나게 하여 미술품으로 지목되어 오고 있다. 더러 꽃을 새겨 장엄하기도 한다. 당간지주(幢竿支柱)라 부른다. 당간을 지탱하던 돌기둥이란 뜻이 함축된 용어인데 이 당간을 「동국여지승람(東國輿地勝覽)」에서는 상내라 쓰고 만들어진 재료에 따라 돌로 된 것은 석장(石橦), 구리로 만든 것은 동장(銅橦), 무쇠로 만든 것은 철장(鐵橦)이라 하였다.

신라통일기와 고려시대, 조선조 초기 그 이후로는 쇠잔해져서 조선 중기 이후의 작품은 보기 드물게 되었다.

법당 앞에 비슷한 것으로 규모 작은 돌기둥이 있는데 이는 괘불을 내걸어 모실 때 나무 장대를 세우던 석주이다. 성격이 전혀 다르다.

일주문

어느 외국 건축가 한 사람이 범어사(梵魚寺)에 갔다가 일주문(一柱門)을 보았다. 높직한 돌기둥 위에 둥근 나무기둥 올려 세우고 그 위로 공포 짜서 결구하고 도리 걸치고 서까래 걸어 완성시킨 문이다.

이런 구조이면 계산상 무너져야 마땅하다는 것이다. 더구나 돌기둥과 나무기둥 사이에는 별다른 접착을 강구하지 않고 그냥 올려 놓았다니 도무지 있을 수 없는 일이라고 우긴다.

돌과 나무기둥 만나는 자리에서 나무기둥 밑바닥을 그렝이질하면 된다고 해도 그게 무슨 기법인지 이해하지 못한다. 계산상 무너져야 마땅함에도 불구하고 바람이 휘몰아치는 골짜기에 벌써 200년이 넘도록 버티고 서 있다니 신기하기 이를 데 없노라고 감탄을 연발한다.

신바람의 건축이어서 그렇게 견딘다고 일러주었다. 아직도 납득하지 못한다.

야아―앗! 기를 지르며 소리치는 찰나 손칼이 내려친다. 차돌 자갈이 두 동강이 난다.

이것 보라구. 당신네 계산법으로 치부하면 질량으로 보아 손칼이 으스러져야 마땅한데 보다시피 손은 말짱하고 단단한 자갈이 깨어졌다. 신바람이 손에 들어갔기 때문에 계산할 수 없는 결과가 되었다.

이 집도 이치는 그와 마찬가지이다. 신바람의 건축이어서 끄떡없

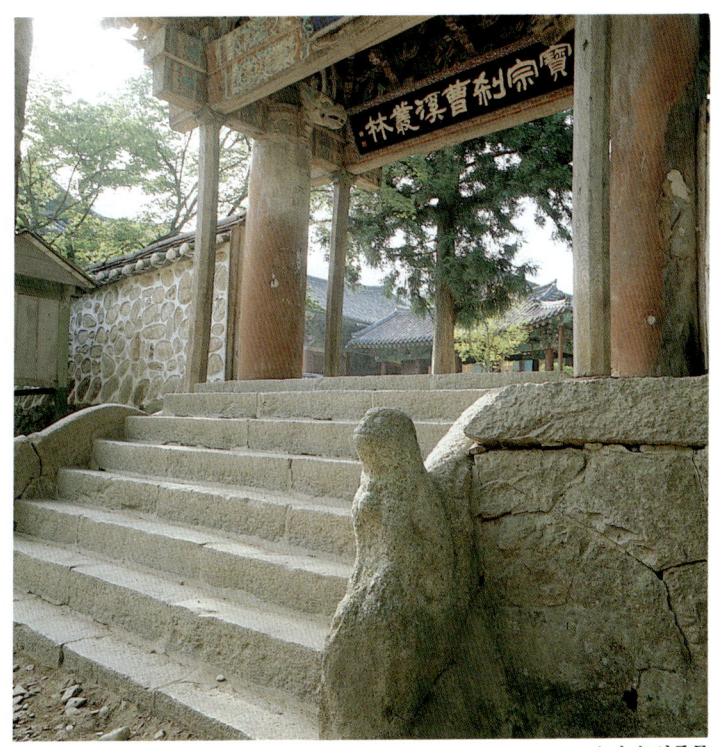

송광사 일주문

이 견디어 오는 것이라고 하였더니 그럴 듯하긴 한 모양이나 그래도 미심쩍은지 고개만 설레며 섰다.

산사(山寺)에는 일주문이 있다. 한없이 골짜기로 들어가다 이만큼 이나 들어왔는데도 아직 절에 당도하지 못하였다니 혹시 길을 잘못 들지나 않았을까 갸우뚱거리며 모퉁이 하나 감돌아들면 갑자기 일주문이 불쑥 나타난다. 불안하던 마음에 안심이 생긴다.

절로 치면 일주문은 첫머리의 표문(表門)인 셈이다. 여기부터가 바로 절의 경내요 하는 알림의 문이라고도 할 수 있다.

일주문은 투박하게 짓는 것이 보통이다. 산 속에 홀로 서 있으려니 묵직해야 든든해 보인다. 일주문은 질박하게 짓거나 천연스럽게 만든다. 주변이 온통 천연인 바 거기에 말쑥하게 서 있어 봐야 어울리지 않는다. 그래서 아름드리 나무로 기둥 만들어 쓰는 미련함을 부린다.

일주문을 한자로 一柱門이라 쓴다고 해서 기둥이 두 개인데 왜 기둥 하나뿐이란 의미의 일주(一柱)란 단어를 썼느냐고 의아해하기도 한다. 기둥 하나 세워 문을 구성하였다는 뜻이 아니라 두 기둥을 일직선상에 세웠다는 의미에서 일주문이라 하였다. 일주문은 기둥 두 개 세워 완성시키는 것이 일반형이다. 범어사의 기둥 넷을 일직선상에 둔 일주문은 특수형에 속한다고 해야 된다.

절마다 일주문이 있는 정도이지만 옛날엔 흔한 것이 아니었던 듯하다. 지금 남아 있는 일주문 중에 오래 된 것이 많지 않을 뿐더러 없던 것을 세우는 절이 허다한 것으로 미루어보면 지금에 비하여 옛날엔 일주문 없는 절이 더 많았을 것으로 짐작된다.

현존하는 일주문의 대부분은 다포계의 공포로 구조하여 윗부분이 지나치게 과중해지는 가분수의 졸작이 되어 있다.

다포계 공포의 구조법 말고 주심포나 익공계의 공포를 써서 구성한다면 윗도리가 얄아져서 날씬한 맛은 도저할 터이나 장중한 맛을 돋보이게 하기는 어렵다. 그래서인지 다포계 공포 구성만 고집하고 있다. 그렇다는 뜻은 다포계 공포가 채택되고 유행하기 시작한 이후에나 일주문이 오늘날의 형상으로 정리되었을 것이므로 그 이전엔 지금과 같은 일주문은 아직 없었다고 보아도 좋을 듯하다.

그 이전에도 이런 문이 소용되었다면 딴 형태로 구조할 수 있었을 것이다. 팔공산(八公山) 환성사(環城寺)에 높직한 돌기둥 넷이 나란히 서 있다. 이런 기둥 이용하면 패루(牌樓)와 방불한 문을 만들 수 있었을 것이다. 마을 어귀의 이문(里門)이나 진배없던 형상이다.

홍살문의 구조도 있다. 옛날엔 널리 쓰이던 문의 유형이었다. 절에
도 채택되어 있었는지의 여부는 아직 모르겠다.

일주문 중에는 아름다운 것으로 손꼽히는 것이 적지 않다. 형태도
단아해야 하며 주변과 어울려야 하는데 구조 그 자체에도 묘미가
있어야 한다. 거기에다 힘찬 필력(筆力)으로 멋지게 일필휘지한
글씨의 편액(扁額)이 있으면 더욱 좋다고들 한다. 조계산 송광사
일주문은 그런 여건을 갖춘 작품으로 손꼽히고 있다.

중문

삼국시대나 신라통일기의 절터를 발굴해 보면 대문이 있고 그
안통에 중문이 더 있다. 이 제도는 후대에도 계속되어 오는 것으로
알려져 있다.

산사(山寺)에 들어서다 보면 일주문 다음에 금강문(金剛門)을
만난다. 금강문이 대문에 해당한다고 할 수 있다. 금강문이 없는
절에서 바로 사천왕문(四天王門)에 도달하기도 해서 사천왕문이
대문인 듯이 보이기도 하나 격으로 보아서는 사천왕문은 중문(中
門)에 해당한다.

금강문에는 금강역사상이 자리잡고 있고 사천왕문에는 사천왕상
네 분이 좌우에 벌려 있다. 금강역사나 사천왕상은 팔부신중(八部神
衆)이나 십이지상(十二支像)과 더불어 법을 호지(護持)하고 도량을
수호한다.

사천왕문이 없는 절에 중문으로 회전문(廻轉門)을 세운 경우도
있다. 청평사(淸平寺) 극락전 앞에 있는 중문이 회전문인데 지금은
비어 있으나 옛날엔 좌우협간에 어떤 존상(尊像)인가를 봉안하였던

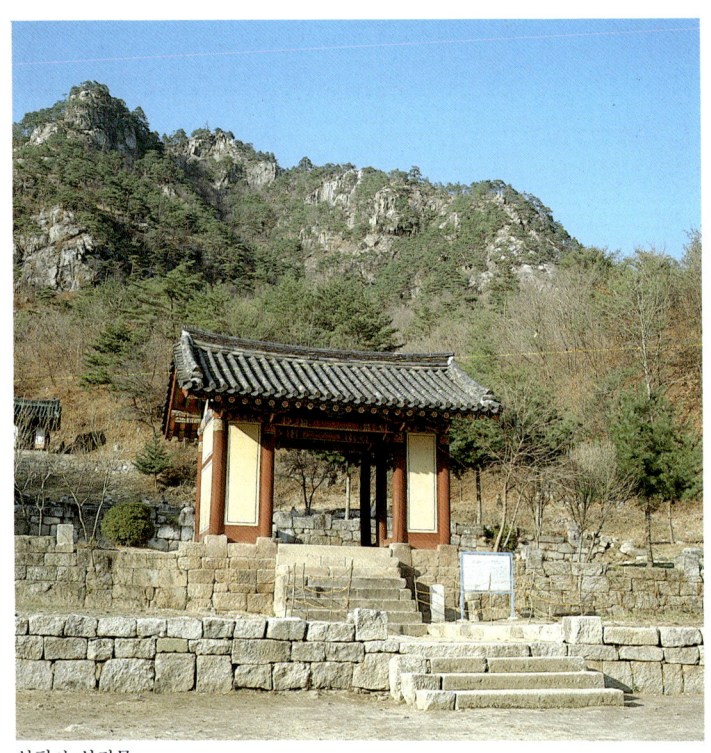
청평사 회전문

듯하다.

　청평사 회전문과 유사한 문이 도갑사(道岬寺)에도 있다. 3칸의 평문인데 역시 오래 된 문으로 주목받고 있다. 해탈문(解脫門)인 이 문은 성격상 중문보다는 대문으로 보는 것이 마땅하다.

　대문에 이어 있는 중문 말고도 경내에는 중문에 유사한 문이 하나 더 있다. 살림집 같으면 샛문에 해당하는데 이 문은 일각문이 아니라 중문과 같은 형상을 하고 있다.

　통도사는 하로(下爐), 중로(中爐), 상로(上爐) 구역으로 구획되어

있다. 불이문(不二門)은 중로 구역으로 들어서는 데 세워져 있는
문이다. 정면 3칸, 측면 2칸의 당당한 규모의 문이다. 샛문이라고
하는 일각문에 비하면 지나친 구조이다. 중문이라 부르는 것이 합당
하다는 견해이다.

불이문은 대들보 없이 지은 특수한 가구법(架構法)으로 완성된
독특한 문이다. 다른 문에서 보기 어렵다는 점에서 주목해 둘 필요
가 있다.

중문으로 눈여겨 보아야 할 것들이 불국사에도 있다. 대웅전 일곽
으로 들어가는 자하문(紫霞門)과 극락전으로 들어서는 데 있는 안양
문(安養門)이 그것이다.

층층다리

건너는 데 소용되는 설비도 다리라 하려니와 올라서는 데 쓰이는
든든한 사다리도 다리라 부른다. 올라서는 다리는 층층다리라고
한다.

그런 층층다리가 불국사 석축 전면에도 설치되어 있다. 금당(金堂)
이 있는 지금의 대웅전 일곽으로 올라서는 데는 두 틀의 층계를
올라야 한다. 청운과 백운의 돌층층다리이다. 축대가 상하월대처럼
나뉘어 쌓여 있어서 두 틀의 다리가 소용되었다. 다리와 다리 사이
엔 무지개를 상징하는 홍예가 있어 구름 속에 이룽진 무지개다리를
올라선다는 점이 강조되어 있다.

극락전 앞 안양문에 올라서는 다리도 두 틀이다. 연화와 칠보교인
데 역시 무지개다리로 이어져 있다. 구품연지(九品蓮池)가 아랫마당
에 있었다. 구품연지는 사바세계일 수도 있다. 층층다리는 거기로부
터 올라서게 되어 있다. 연화 층층다리에 첫발을 올려 딛는다. 발

딛는 디딤돌에 연꽃이 새겨져 있다. 여의두(如意頭)처럼도 보이게 한 연꽃이다. 올라서기만 하면 청정의 세계가 될 뿐만 아니라 소원하는 바가 다 성취될 수 있다는 약속이 그 무늬에 담겨 있다. 그러니 황홀해질밖에 없다. 환희가 가득할밖에 없다. 한 걸음 올려 디딜 때마다 공경하는 마음으로 일례(一禮)씩 올릴밖에 도리가 없다.

석대(石臺)

터전을 넓혀야 하겠다. 산의 중턱에 맞춤한 자리를 잡고 보니 국면이 좁다. 귀한 분 모시려는 데 습기가 스며들면 나쁘다. 대장경판과 같은 귀중한 법보 모시려면 더욱 습기를 멀리해야 한다. 힘이 들더라도 지하수의 삼투를 예방해야 한다. 자갈을 층으로 삼아 메우고 숯으로 켜를 지어 층층이 박아 넣어야 좋겠다. 그러려면 바깥 마구리의 거푸집이 든든해야 가라앉거나 삐져 나갈 염려가 없게 된다. 튼튼한 거푸집 쌓기로 하면 산의 큰 바위 굴려다 척척 쌓아 올리는 일이 최상이다.

큰 절의 옛날 석대들이 지금도 남아 있다. 옛분들이 얼마나 애를 썼는지 한눈에 볼 수 있을 만큼 엄청난 돌을 써서 우람하게 쌓아 놓았다.

쌓는 방법도 여러 가지이다. 바위를 굴려다 적절히 맞추어 가면서 틈새 두고 쌓기도 하고 같은 바위라도 이음새는 이맞추도록 다듬어 쓰기도 한다.

반듯반듯하게 깎고 다듬어서 차근차근 쌓기도 한다. 화엄사의 거대한 석대는 그렇게 쌓였다. 부석사의 바위 모양 그대로 쌓은 법과는 다르다. 불국사는 다듬은 매끈한 돌과 뜬바위 알맞게 마련한 것 두 가지를 교묘하게 조화시켜 가며 쌓았다. 석대 이룩하는 기술은 세계에서도 뛰어난 것으로 소문나 있다.

목탑

도읍의 터전이 넓어 넉넉하던 시절에는 도성내에 큰 절을 널찍하게 경영하고 목재로 탑을 높직하게 지었다. 삼국시대에 경영되었던 절에 목탑이 있었다는 기록이나 지금도 남아 있는 터전에서 목탑의 흔적들을 찾아볼 수 있다. 통일신라에서나 고려에서도 많지는 않지만 목탑을 가람 중심에 세웠다. 조선조에서도 한양성내에 흥천사(興天社)를 개창하고 사리전(舍利殿)이라 부르는 목탑을 이성계가 세운다.

기록이나 남아 있는 터전을 통하여 보면 탑을 하나만 세우기도 하지만 사천왕사(四天王寺)나 망덕사(望德寺)에서처럼 쌍탑을 나란히 짓기도 한다. 서라벌에서의 이 제도를 따랐음인지 고려 흥왕사(興旺寺)에서도 쌍탑을 세운다.

목탑의 평면은 방형이거나 팔각형이다. 방형은 정방형으로 반듯하게 잡는 것이 보편적이다. 쌍봉사 3층탑(지금은 대웅전이라 扁額함)은 단칸짜리이고 법주사 5층탑(지금 捌相殿이라 부른다)은 다섯 칸씩이다. 이들에 비하면 황룡사 9층탑은 좌우의 툇간까지 합쳐 아홉 칸씩이었다고 보인다. 필요에 따라 규모가 여러 가지였음을 알 수 있다.

팔각형 목탑으로 지금 남아 있는 것은 하나도 없다. 터전만이 남아 있어 옛 모습을 짐작하게 할 뿐이다.

불교 건축에서 목탑은 중요한 의미를 지닌다. 불교가 전래된 이래 살던 집을 바쳐 절을 만들던 단계를 벗어나 불교적 종교 건축물로 처음 등장한 것이 바로 목탑이었기 때문이다.

가람의 융성

사원 건축은 불교가 들어오면서 시작된다. 372년에 전진왕 부견이 순도 스님을 고구려에 보내어 불상과 경문을 전하고 이어 아도 스님이 고구려에 왔다. 이분들을 맞아 고구려는 375년에 초문사(肖門寺)와 이불란사(伊弗蘭寺)를 첫 개원하였다.

384년에 동진의 스님 마라난타가 백제에 와서 불법을 전하였다. 이듬해 한산(漢山)에 첫 사원을 개창하였다. 392년에 고구려 왕은 불법을 숭신하여 도성에 절 아홉 곳을 지었다. 498년에 고구려 도성 내에 금강사가 준공되었고 백제에서는 대통사(大通寺)를 이룩하였다. 이즈음에 북위에서는 맥적산 석굴, 용문석굴, 공현석굴, 병영석굴, 운강석굴 등이 준성되고 낙양 영녕사가 창건되었다. 516년에 영녕사 9층목탑이 완공되고 518년에 서역에서 불화를, 인도에서 불경을 구하여 왔다.

신라는 528년에야 불교를 공인한다. 영흥사(永興寺), 흥륜사(興輪寺) 등을 짓고 황룡사도 짓는다. 540년에 솔거 스님이 법당 벽에 늙은 소나무를 그렸다.

백제에서는 538년에 일본에 태자상과 함께 관불기를 보내니 이를 맞아 원흥사가 창건된다. 552년에 백제는 다시 금동 불상과 번개(幡蓋), 경론을 일본에 보낸다. 562년에도 불상을, 577년엔 경론과 조불공(造佛工)과 조사공(造寺工)을 보냈다.

신라도 579년에 불상을 일본에 보낸다. 백제는 583년과 584년에 불상을 보내고 미륵석상도 주었다. 588년에 불사리를 전하여 주었고 율사, 사공(寺工) 노반박사, 와박사(瓦博士)와 화공 등을 보내어 비조사(飛鳥寺)를 창건하게 하였다.

고구려에서도 불상을 보내고 유능한 인재들을 파견한다. 그 중 담징 스님은 법륭사(法隆寺)에 벽화를 그렸다.

삼국이 일본에 불교 문물들을 보내 줄 수 있었던 것은 그들의 수준이 이미 상당히 높기 때문에 가능하였던 것이라 한다면 오늘에 남아 있는 삼국시대 절터 등에서도 그런 기미를 엿볼 수 있을 만하다고 하겠다. 비록 지금은 빈터만이 남아 있어 썰렁한 상태이지만 조금씩 수습되고 있는 유물들을 통하여 거대한 터전에 이룩되어 있던 대단한 건축물들을 상상해 볼 수 있다.

석탑(石塔)

고구려 소수림왕 2년(372)에 초문사와 이불란사가 창건된다. 최초의 절로 역사책에 기록되어 있다. 최초의 절에도 탑이 있었느냐의 의문에 대하여는 명쾌한 해답이 어렵다. 그러다 차츰 절에 탑이 들어서게 된다. 다층(多層)의 높은 다락집(高樓巨閣形)의 모양을 본뜬 탑이 재목을 써서 목조된다. 인도의 산치탑(Sanchi stūpa, 뻴사탑;기원전 250년경에 半球形으로 거대하게 쌓은 탑 둘레에 담장이 있고 사방에 문이 설치되어 있다)과 같은 사발 엎은 듯한 형상보다는 중국식의 다층 누각형으로 높직하게 짓는 것이 마음에 들었다. 목조하는 탑으로는 다락집 형이어야 구조가 가능하였다.

삼국시대 말엽이 되면서 목탑과 함께 단단한 돌(주로 화강암)을 다듬어 공든 탑을 쌓기 시작한다. 전위적인 담대한 진취력 있는 건축가들에 의하여 시도된다. 목탑의 세부 구조를 과감하게 생략하여 버리는 바탕에서 추상성향을 발휘한다. 그러면서도 목탑을 통하여 축적해 온 다층의 개념을 고수하는 윤곽으로 설정한다. 친숙함을 연장시키려는 의도였다. 큰 호응을 받는다.

새로 가람을 조성하려는 선지식들이 그들을 고취한다. 기꺼이 실험의 무대를 제공한다. 석탑들이 들어서기 시작한다.

고구려의 옛터에는 석탑이 하나도 남아 있지 않다. 큰 돌을 부려 석실 고분을 만드는 실력이 고구려인들에게 있었다. 한 변을 100자(약 30미터 가량) 넘게 구조하는 피라밋형 석실 고분을 구조할 수 있으면 석탑 정도는 마음만 먹으면 가능할 터인데 현재 그 유구를 남기지 않고 있다.

가장 오래 된 유구는 백제 땅에 남아 있다. 그로 인하여 석탑은 능숙한 건축가들을 배출한 백제에서 배태되기 시작한 것이 아니겠느냐는 찬사를 듣게 되었다.

백제 건축가들은 유능하였다. 일본에 건너가 초기 사원 건축 조영에 참여한다. 오늘에도 그들이 남긴 자취가 남아 있어 높이 평가되고 있기도 하다.

신라에서도 백제 건축가를 초빙한다. 황룡사 9층탑을 무난히 완성시키려면 아무래도 백제 건축가의 힘을 빌어야겠다고 생각하였다. 후한 폐백을 드리고 백제 건축가 아비지(阿非知)를 초청하여다 9층탑을 완성하였다.

신라 건축계가 수준이 낮은 것은 아니었다. 아비지 한 사람만 초청하면 나머지 분야는 신라 건축가들에 의하여 만족스럽게 처리될 수 있었다. 그런 능력은 그들이 신라통일기를 맞으면서 이룩해 낸 수많은 석탑을 보아도 알 수 있다.

신라인들은 신라 석탑이라는 새로운 유형을 만든다. 백제 탑과 다른 특색을 지닌다. 신라 탑의 전형을 완성시킨 것이다. 전형 탑과 더불어 이형 탑을 만들기도 한다. 재기 발랄한 건축가들에 의하여 시도되었다. 선지식들의 적극적인 호응이 명품을 탄생시키는 기반이 되었다.

정혜사(浄惠寺)의 13층석탑은 재치 있는 구조물로 손꼽힌다. 산치탑의 스투파형과 중국식의 다층 누각형을 오묘하게 복합시켜 새로운 유형을 탄생시켰다. 산치탑의 복발을 목조 건축물처럼 만들면서

단층으로 한정짓고 그 위의 상층부를 산치탑의 상륜처럼 축약시켜 묘미를 발휘하게 하였다. 놀라운 작품이 자태를 드러내게 된 것이다.

백제 건축가들은 흙을 빚어 블록 만들어 집을 짓는다. 그 재주를 돌탑 쌓는 일에도 활용한다. 익산 미륵사 탑이 다층 누각형이라면 정림사 탑은 블록형 석재로 조적해 낸 구조물이라고 할 수 있다.

신라 건축가들은 벽돌로 쌓는 법에 유의한다. 돌을 벽돌처럼 다듬어 거대한 탑을 쌓는다. 우직한 일인데 마침내 그 일을 해내어 분황사(分皇寺) 석탑과 같은 모습을 이룩하였다.

삼국이 통일되면서 고구려와 백제의 유능한 건축가들이 일을 찾아 모여들었다. 서라벌이 그들의 새로운 일터였다. 세월이 흐르면서 그들의 능력은 한줄기로 모아진다. 바야흐로 난숙의 시기를 배태한다. 토함산의 석불사는 그런 난숙기에 완성된 대단한 작품이 된다. 불국사의 다보탑이나 석가탑도 마찬가지이다.

석불사와 불국사 경영엔 국력이 투입된다. 경덕왕이 제국을 이룩한 기념비적인 건축물로 이들을 경영한다. 왕족 김대정(金大正;속칭 김대성)이 책임자로 현장에 상주한다. 표훈(表訓)과 신림(神琳)이라는 당대 제일의 선지식이 여기에 참여한다. 모든 좋은 여건이 마련된 것이다.

석가여래가 보리수 아래에서 대오각성한다. 바위를 깔고 앉은 불편한 자리에서도 그는 성불을 달성하였던 것이다. 그런 모습을 탑에 담았다.

다보탑은 우주를 형성하는 기본 원리를 구현시키는 방도에 따라 구조되었다. 방형, 팔각형, 원형이 그래서 탑에 채택되었던 것이다. 시방세계로 통달하도록 기반도 조성하였다. 대단한 작품이 이룩된 것이다.

석탑 구조에 미묘한 흐름이 생긴다. 통일신라 말엽부터라고 짐작

되나 고려조에 이르면 현저해진 특성이 눈에 뜨인다. 고구려의 옛 영토에서는 고구려적인 성정이 강한 탑이 세워지고 백제의 옛터에서 백제 탑다운 고려 탑이 세워지게 된다. 이런 현상은 여러 가지 사정에서 분석되어야겠지만 삼국의 특성이 다시 살아나면서 고려 탑은 그 성격이 다양해진다.

고려의 탑은 라마교의 강력한 흐름에 따라 라마 탑다운 모습을 띠기도 한다. 또 경천사(敬天寺) 10층탑(지금 경복궁에 옮겨져 있음)과 같은 독특한 것도 조성된다.

조선조의 석탑은 가늘면서 뽀족해지는 경향을 띠다가 차츰 쇠잔해지고 만다. 임진왜란 겪은 뒤로는 침체된 경제 상태가 모든 건축물을 위축시키고 만다.

사리장치

불교 건축물의 특색을 지닌 것을 손꼽으면 첫째로 지목되는 것이 탑파이다. 탑파는 부처님의 진신사리(眞身舍利)와 법신사리(法身舍利)를 잘 모시기 위하여 건립되었다. 사리는 부처의 상(像)처럼 공개될 수 있는 성질이 아니어서 밀폐된 장소에 정중하게 보장(保障)시키는 방도가 강구되었다. 보장을 위하여 애틋이 마련하는 제구(諸具)를 요즈음은 장치라 부르고 있다.

불교가 진흥하면서 인도와 중국과의 교류가 활발하여진다. 부처의 진신사리가 상당수 장래(將來)한다. 「삼국유사」에는 사리 장래에 대한 기록이 실려 있다. 이에 따라 유수한 탑파들이 삼국에 건립되었다. 부처님 진신사리 모신 탑이 생겨나게 된 것이다. 진신사리 모시는 탑은 그 후에도 조성이 계속된다. 조선조에 이르러서도 계승되고 오늘날에도 새로운 탑파들이 만들어지고 있다.

사리장치는 대단하게 장엄되었었다. 일부의 탑파에서만도 그런 장치들이 출현한 바 있었다.

조선조 태종이 명나라에 보낸 사리

명나라에서 사신이 온다. 명나라는 부처님을 믿어 황제도 적극적인데 조선에서는 숭불(崇佛)하지 않으니 보관하고 있는 사리를 거두어 달라는 요구를 한다. 태종 때의 일이다. 각 도에 파견하여 절에서 사리를 거두었다. 충청도에서 45매, 경상도에서 164매, 전라도에서 155매, 강원도에서 90매, 도합 454매이었다.

태조는 자기가 몰래 보장(寶藏)하던 303매를 더하여 757매를 중국에서 온 사신 황엄(黃儼)에게 넘겨 주었다. 태종 7년(1407) 5월의 일이다.

부처님 열반하시자 많은 양의 사리가 수습되었다. 사리를 모셔 가고 싶은 생각이 간절한 사람들끼리 나누어 모시기로 하였다. 각처로 흩어지고 보니 친견하고 싶거나 모시고 싶다고 해서 누구에게나 다 차례가 돌아오는 것은 아니었다. 그만큼 귀물이 되었다. 보장해야 마땅할 보배로운 것이 된 것이다. 그러니 입수한 재수좋은 사람들은 귀물 보장에 노력하여야 했다. 대대로 물려주어야겠다는 생각이다.

목탑은 구조상 아래층이 상당히 넓다. 공간을 이용할 수 있게 되어 사람들이 드나든다. 귀한 것 보장하는 자리로는 마땅하지 못하다. 단단히 거두어 두어야 한다면 잡인들의 손길이 닿지 못하는 장소이어야 한다. 그래서 찰주(刹柱)를 세우는 중앙의 초석 아래에 따로 시설을 하고 거기에 모셨다. 탑이 폐하여 쓰러지지 않는 한 아무도 손댈 수 없게 하였다. 실제로 경주의 황룡사 9층탑에도 그런 장치가 심초석에 있었다. 9층탑은 고려시대에 불타 없어지고 심초석

만이 남아 있었지만 사리장치만은 몇 해 전까지만 해도 고스란히 보장되어 있었다. 보장의 목적을 충분히 달성할 수 있었다고 하겠다.

백제 목탑이 폐한 뒷날 그 터전을 지나던 이들이 심초석에서 사리장치를 찾아보게 되었다. 그들은 그 우연과 놀라움에 열복하여 새롭게 모셔 영구하도록 조치한 뒤에 뜻밖의 경험을 응험기로 적어 후대에 전한다.

전탑과 석탑으로 조성되면서도 사리장치는 아직도 심초석에 해당하는 중심부에 장치되는 일이 보통이었다. 그러나 목탑과 달라 빗물이 스며들거나 하는 수해가 염려되었다. 탑의 한 부분에 내장시키는 방안이 강구된다. 무거운 돌이 첩첩이 쌓인 부분에 장치하여서 선불리 손댈 수 없게 하였다. 오늘에 알려진 중요한 사리장치들이 그렇게 내장되어 있었다.

탑에 보장하는 한편 탑 심초석 부근에 또 장치를 넣기도 한다. 여기에는 사리보다는 다른 것이 보장되는데 그 중에 작은 탑 99개를 넣은 것도 있다. 작은 탑은 납석으로 만든 것, 흙을 빚어 구워 만든 것들인데 밑바닥에 구멍을 뚫고 다라니경문을 쓴 종이를 말아 복장(伏藏)하였다. 사리장치들은 아주 장엄하게 하여서 금으로 만든 것도 적지 않다. 아주 귀한 유리로 사리병을 만들기도 하였다. 당시 최고 수준의 공예품을 이들을 통하여 감상하게 된다.

법등(法燈)

칠흑 같은 밤에 밤길 걷게 되었다. 별빛이 아무리 영롱해도 숲 사이의 길을 밝혀 주지 못한다. 더듬거리며 걷다 발부리가 채여 허겁지겁 한다. 그야말로 미망의 세계에서 허덕이는 꼴이다.

얼마쯤이나 갔을까 멀리 한 점 불빛이 보인다. 돌연 광명이나 만난 듯한 용기가 솟구친다. 불빛을 향하여 날렵하게 걷는다. 가까워질수록 발걸음은 빨라진다.

한 점의 불이 바로 부처님의 말씀이라고 비유한다. 그래서 법당 앞에 그런 등불을 밝힌다. 법당 밖은 노천이 된다. 나무로 등을 깎아 만들거나 종이로 등을 만들어 달면 쉽기는 하나 쉬 망가진다. 풍우에 견디기 어려운 것이다. 그저 든든하기로는 돌로 만드는 것이 으뜸이다. 그래서 석등이 등장하게 된다.

석탑의 발전이 한국을 석탑의 나라로 일컫게 되었듯이 석등도 대단한 발전을 하여서 다른 나라에서는 볼 수 없는 성관(盛觀)을 이룩하였다.

삼국시대에는 간결한 구조가 유행하다가 신라통일기 하대에 이르면 치장하는 석등이 만들어진다. 고려에서는 화사석을 정방형으로 구조하는 특성을 보이고 조선조에서는 장명등(長明燈)의 형상이 된다. 시대에 따른 특색이다.

유리가 없던 시절에 바람을 탔을 터인데 화사석(火舍石)에 어떻게 불을 밝혔던 것일까 궁금해진다.

화사석은 평면을 여덟 모로 만들든가 정방형으로 하든가 한다. 그런 돌의 중심부를 파 낸다. 휑하게 파 낸다. 아래위로도 맞창을 낸다. 그런 후에 사방에 반듯하게 창을 연다.

화사석이 아래위로 길쭉하게 생겼다. 중대석 위에 놓여 지붕돌을 받게 되어서 길쭉하지 않으면 납작해 보여 볼품없이 되고 만다. 그러니 창도 자연히 아래위가 긴 갸름한 장방형으로 뚫린다. 사방에 그런 창이 생겼다.

지금 남아 있는 석등을 보면 창은 펑 뚫려 있다. 저런 구멍만 있는 창이라면 조금만 바람이 불어도 화사석의 공동(空胴)은 바람에 찰 터인데 어설프다. 바람이 차면 불이 꺼지는 것은 정한 이치이다.

자세히 살펴본다. 창의 가장자리로 얇게 파 낸 틀 자국이 있다. 창틀을 부착시켰던 자리이다. 틀 자국을 따라 구멍이 일정한 간격을 두고 생겨나 있다. 틀을 고정시켰던 못 구멍이다. 단단한 나무로 못을 만들어 쐐기 박아 끼우면 틀은 그 구멍으로 인하여 견고하게 부착된다.

사방의 창에 밀폐할 수 있는 시설이 생겼다. 창호지가 만들어지던 시절이면 틀에 기름 먹여 절인 창호지를 바른다. 얇은 모시나 갑사 같은 천도 쓸모가 있다. 종이 대신 발라도 좋다. 어두운 밤의 불빛이 종이나 천을 통하여 새어 나오는 정도면 충분하다. 칠흑 같은 밤에 한 점의 불빛이 아닌가.

사방의 창에서 남쪽의 창은 여닫게 하도록 꾸민다. 창을 열고 등잔을 밀어 넣을 수 있도록 한다. 아침이면 꺼내고 저녁이면 기름 채운 등잔을 넣는다. 남원 지리산 실상사(實相寺)의 석등 앞에는 충층다리가 있다. 돌로 만들어 붙박이로 고정시켰다. 아침 저녁 등잔을 출입시킬 때 딛고 올라가라는 시설이다.

마당의 석물(石物)

급보가 전하여 왔다. 밤중이지만 여럿이 어서 나서야 한다. 각 방의 스님들이 간단히 행장하고 나선다. 저마다 횃불을 든다. 그래야 험한 고갯길을 갈 수 있다.

절에 남은 스님들은 서둘러 불을 밝힌다. 큼지막한 쇠소쿠리에 광솔을 담는다. 그 광솔에 불을 당기면 그을음은 요란스럽지만 밝은 불빛이 된다. 대웅전 앞마당에 있는 정료대 위에 올려 놓는다. 삽시간에 대웅전 앞마당은 불빛으로 밝아진다.

밝은 마당에서 준비를 서두른다. 밤중에 넘어오는 손님을 맞든가

도둑떼에 쫓기거나 짐승에게 해코지당한 급한 사람들을 맞이하든가 한다. 깊은 산 큰 고개 아래에 있는 절은 어려운 사람들 돕는 시혜(施惠)가 큰 소임이었다. 소임을 다할 수 있도록 대웅전 앞마당에 큼직하게 돌로 만든 광명두(光明頭)를 설치하였다. 그것을 정료대라 부른다.

마당에 여러 가지 석물들이 있다. 오래오래 사용할 수 있도록 돌을 다듬어 만들어 낸 것들이다.

대웅전 댓돌 아래에 괘불대가 있다. 높이 장대를 세울 수 있도록 구멍 뚫은 돌기둥이 두 개 벌려 서 있다. 돌기둥에 의지하여 두 가닥 장대를 세우고 거기에 도르래 달고 줄을 걸어 괘불을 내모신다. 엄청나게 큰 화폭의 괘불이 걸려진다. 괘불 거는 날은 큰일이 있는 경사스러운 날이다.

석등이 있다. 석등 앞엔 배례석(拜禮石)이 있기도 한다. 장방형의 판석처럼 생겼다. 마구리에 돌려 가며 안상을 새기고 천판에는 활짝 핀 연꽃을 새긴다. 그 중에는 뛰어난 작품도 있는데 흔히들 무심히 보며 지나친다.

석등과 다르면서도 석등의 기둥처럼 팔모 접어 다듬어 세운 높직한 돌기둥이 있다. 역시 팔각의 받침대와 머리 위의 치장도 갖추었다. 흔하게 볼 수 있는 것은 아니나 마당 끝에 있다. 법당(法幢)이라 부른다고 한다.

월등하게 큰 석련지(石蓮池)가 있다. 키보다 훨씬 커서 들여다볼 수도 없게 만든 것이 법주사(法住寺)에 있다. 분명 백제 때 만든 것이라고 하는 석련지 한 쌍이 국립 공주박물관에 옮겨져 있다. 절에서 만든 것이라 전한다. 한 쌍인데 키가 낮고 굽이 있는 화기(花器)처럼 생겼다. 국립 부여박물관에도 달처럼 둥근 석련지 하나가 보관되어 있다.

법주사엔 희견(喜見)보살이란 돌보살이 머리에 큼직한 다기(茶器;

얼마 전까지만 해도 향로가 아니겠느냐는 견해가 지배적이었다)
를 이고 섰다. 구름의 받침대 위에 서 있다. 하늘나라에서 잠깐 내려
와 부처님께 공양하고 있는 모습이다.

월정사(月精寺)와 신복사(神福寺)에는 탑 앞에 무릎 꿇고 앉은
보살상이 있다. 연꽃 한 송이를 두 손으로 쥐고 있는 형상이다. 공양
을 위한 경건한 모습이라고 하겠다.

후원의 마당에 땅을 파고 묻은 돌항아리가 있다. 잔돌로 항아리처
럼 쌓아 만든 것이다. 소금을 저장하던 항아리라고 한다. 우물돌도
있다. 분황사의 우물돌은 신라시대의 작품이 그대로 유전되어 오고
있다.

댓돌과 층계

보살은 부처님들이 닦으신 행을 배우고 생각하며 좋아서 몸소
실천하고 남에게 말하여 중생들이 괴로움을 떠나 즐거움을 얻게
한다. 가난한 이웃이 와서 빌려 주기를 청하면 보살은 즐겨 보시하
여 이웃을 만족하게 한다.

많은 중생들이 요구하여도 보살은 조금도 싫어하거나 귀찮게
여기지 않는다.

"이 중생들은 내 복밭이고 선지식이다. 찾아 나서지도 않고 청하
지도 않았는데 몸소 찾아와서 나를 바른 법에 들게 하는구나.
나는 이와 같이 배우고 닦아 한 중생의 마음이라도 어기지 않으
리."

라고 생각하며 다음과 같이 발원한다.

"내 보시를 받은 중생들은 모두 최상의 깨달음을 얻고 평등한
지혜를 가지며 바른 법을 갖추어 널리 선행을 하다가 마침내 열반

에 들지어다. 만약 한 중생이라도 만족하지 않는다면 나는 결코 최상의 깨달음을 이루지 않으리라."

공덕림 보살의 이같은 말에 감복한다. 그의 거룩한 보리심을 받들고 싶어진다. 그가 그토록 사모하는 부처님에게도 공경하는 마음이 우러난다. 그런 분들이 계실 전각을 지어야 한다는 생각에서 여러 가지를 궁리한다.

귀한 손님 오시면 두툼한 방석을 깔고 앉으시라 권한다. 그만큼 편안하게 해드리고 싶은 생각 때문이다. 그렇다. 부처님과 보살님들이 계실 전각에 두툼한 방석을 깔아 드리자는 생각이 떠올랐다. 단단하고 치밀한 화강암을 다듬어 높직한 댓돌을 마련하였다. 방석이 준비된 것이다. 그 앞에 층계를 두었다. 높은 댓돌에 올라다니기 수월하게 하려는 배려이다.

하이얀 화강암 댓돌은 쓸모가 따로 있다. 처마 깊은 전각엔 태양의 빛이 직사광선으로 들어가지 못한다. 처마가 차양하고 있기 때문이다. 빛이 마당에 떨어져 굴절하면서 전각으로 들어간다. 간접 조명의 원리가 서는 것이다. 하이얀 화강암 댓돌은 간접 조명을 효과 있게 하는 데 아주 쓸모가 있다.

소맷돌의 생각

강가에 서서 서성거린다. 도무지 건너살 가망이 있다. 가야 기기가 낙원인데 갈 수 없다니 안타깝다. 배만 있으면 무사히 건널 수 있을 터인데 하는 생각이 굴뚝 같다.

애만 태운다고 갈 수 있는 일이 아니다. 갈 방도를 강구해야 한다. 배가 없으면 갈대나 나무로 뗏목이라도 엮어야 한다. 마련인 것이다. 마련은 개척의 실마리이다. 가보고 싶은 세계로의 첫발인 것이다. 물가에 서 있던 발로 뗏목에 오르면 곧 새로운 세계로의 항로가 시작된다.

사바세계의 고해(苦海)에서 배를 기다리다 마침 달려오는 배를 만났다. 그렇게 반가울 수 없는 마음이다. 배가 물가에 닿기가 무섭게 뛰어오른다. 배의 머리에는 용이 새겨져 있다. 용선(龍船)인 것이다. 용선에는 층계가 있어 후다닥 뛰어오를 수 없게 되어 있었다. 차근차근 밟고 올라서게 되었다. 용선에는 벌써 많은 사람들이 타고 있었다.

배의 중간쯤에 장엄하게 꾸민 집이 있다. 장막을 장하게 늘어뜨린 아름다운 집이다. 모두들 말하기를 부처님이 그 안에 계신다고 하였다. 부처님과 한배를 타게 된 것이다. 용선에 부처님과 함께 타고 있다니 감격스럽다. 그만큼 부처님과 가까워질 수밖에 없다. 즐거운 일이다. 그래서 발심하였다. 물가에 서성거리는 중생들을 위하여 큼직한 용선을 지어 띄우기로 하였다.

그에겐 가람이 용선이었다. 장중한 가람을 조성하고 법당을 지었다. 그리고는 그 법당 돌층계에 뱃머리를 형상하였다. 그리로만 올라서면 반드시 용선을 탄 환희를 얻을 수 있을 것이라고 하였다. 층계의 소맷돌에 용의 머리를 새겨 용선의 뱃머리를 방불케 하였다.

부처님이 타신 용선은 때로 용머리 대신에 꽃으로 장식하기도 한다. 삼천대천세계가 환희에 가득 차고 꽃비가 내리면 모든 중생이 해탈한다고 하였다. 그런 꽃비가 어서 내려지소서 염원하는 마음에서 꽃을 배에 장식하였다.

가람의 배에도 꽃장식을 한다. 영취산 통도사(通度寺)의 대웅전 층계에 그런 꽃장식이 베풀어져 있다. 층계는 좌우로 나뉘어진 구조이다. 올라가는 길과 내려서는 길을 두 가닥으로 구획한 것이다. 구획한 긴 돌에도 빈틈 없이 장식하였고 좌우로 소맷돌에도 큼직한 꽃을 두어 치장하였다. 대웅전은 댓돌에도 꽃을 새겨 장엄하였다. 댓돌과 층계가 어우러지도록 구조한 것이다.

보령(保寧) 성주사(聖住寺)엔 소맷돌 끝에 앉은 사자를 새긴 것이 있었다(지금은 없어져 버림). 사자 새긴 소맷돌은 더러 있고 소맷돌 바깥 면에 안상 새기고 안상에 사자 새긴 예는 평양 영명사(永明寺), 합천 영암사(靈巖寺) 금당 자리의 댓돌에서도 볼 수 있다.

새로 지은 송광사 대웅보전 소맷돌 끝에도 앉아 있는 사자와 엎드린 사자 네 마리가 있다. 최근에 발굴되어 전모가 세상에 알려진 절터로 서라벌 도성내 제1가람이라 하던 황룡사를 꼽을 수 있다.

황룡사에는 유명한 금동 장륙삼존상(金銅丈六三尊像)이 모셔진 금당이 있었다. 지금도 금당 자리가 남아 있다. 9층탑의 바로 뒤쪽에 있다. 금당 자리에는 삼존상을 모셔 세웠던 거대한 돌로 만든 받침대가 남아 있다. 그 받침대가 금당의 중심부에 자리잡고 있다. 세 분이 나란히 서 있을 수 있게 마련되어 있다.

황룡사 금당처럼 불단이 중심에 있는 유구(遺構;옛 구조물의 일부가 남아 있는 것)가 백제나 고구려 금당 자리에서도 찾아볼 수 있다. 통일신라에서도 볼 수 있다.

통일신라 말엽이 되면서 구산(九山)에 선문(禪門)이 열린다. 산에 절이 경영되기에 이른다. 좁은 터전에 절을 짓게 되니 자연히 소잔해지게 마련이다. 그러나 금당의 제도가 아직 흩어진 것은 아니었던 듯하다. 깊은 산중에 경영된 선림원(禪林院;강원도 양양군)의 금당 터에선 아직도 중심부에 불단 자리가 있다. 이런 불단에는 광배 있는 불상이 봉안되던 것이 아닌가 하는 생각이 든다. 광배 있는 불상은 금당에 모셔지던 것이라 하겠다. 불상이 뒤로 물러앉게 되면서 상단 탱화 등이 등장하게 되었던 것이라고 필자는 생각한다.

고려 초엽 아직도 왕건이 견훤군을 견제하던 시절에 경영되었다고 보이는 금당협(金堂峽)의 미륵대원(彌勒大院)이 지금도 계립령(鷄立嶺)에 석실 금당의 유구를 남기고 있다. 여기 금당에도 앞에 전실이 달렸다.

잘 알 수 없지만 경주의 굴불사(掘佛寺) 사면석굴 봉안 건물도 금당제도에 따랐던 것으로 이해되고 있다. 역시 예배용의 전실이 있었다고 하겠다.

현존하는 목조 건물에 금당의 흔적을 보이는 것이 있다. 충남 청양군에 있는 장곡사(長谷寺) 상대웅전(上大雄殿;이 절에는 대웅전이 하나 더 있어 하대웅전이라 부른다)이 그것인데 지금도 건물 내부 바닥에 방전을 깔았고 돌을 다듬어 대좌 만들어 석조 여래좌상을 모셨다. 현재는 두 분이 나란히 앉아 있는데 뒷벽에서 떨어져 훨씬 앞에 나앉아 있다.

금당(金堂)

가람 중심곽에 금당(金堂)이 있고 그 뒤로 강당(講堂)이 있으며 둘레에 행각(行閣, 廻廊)이 있다. 삼국시대 이래 한동안 성행하던 가람 배판의 법도였다.

금당의 옛터를 발굴해 보면서 확인되는 것은 금당 중심부에 불단 자리가 있다는 점이다. 오늘날 우리들이 늘 드나들고 있는 대웅전을 비롯한 법당들과 달랐다.

우리들이 드나들고 있는 법당의 불단은 뒷벽 쪽으로 훨씬 물러나 있다. 불단 앞에 스님과 신도들이 늘어서서 공양드릴 수 있게 되었다. 이에 비한다면 금당 구조는 불단이 중심부에 자리잡고 있어서 불단 앞쪽에 들어설 여지가 없다.

금당이던 시절에 건물 내부 바닥엔 방전(方塼)을 깔았다. 부석사 무량수전이나 무위사 극락전 혹은 장곡사 상대웅전 등에서 아직도 방전 깐 모습을 볼 수 있다. 마루 깐 지금의 구조와는 달랐던 것이다.

불단 앞쪽으로 들어설 여지가 없고 방전 깔아 마루에서처럼 자유롭게 절할 수 없게 되었다면 금당 내부에선 그런 행의(行儀)가 없었다고 하는 점을 알게 된다고 할 수 있다.

토함산 석불사(石佛寺;지금의 석굴암)의 석실 금당(石室金堂)도 다른 금당에서와 마찬가지 의도에서 조영되었었다. 본존상이 앉은 대좌 앞뒤로 보탑(寶塔)이 있었다. 본존 둘레로는 보살과 제자상들이 나란히 서 있다. 이런 공간 구성과 간격으로는 스님들이 들어설 여유가 없다.

본존상 뒷벽에 별도로 광배가 만들어져 있다. 본존상의 머리가 광배에 들어가 거룩하게 보이도록 하자면 바라다보는 위치를 잘 선택해야 한다. 가장 좋은 자리는 전실(前室)에 있다. 팔부신중들이 좌우벽에 네 분씩 서 있다. 금강역사상에서 첫번째와 두번째 분이 나란한 이음 부분 선상에 서서 바라다봐야 머리가 광배 속으로 알맞게 들어가 보인다. 그 자리가 공양드리던 곳이란 점을 이해하게 된다. 승려들의 자리인 것이다. 승려들이 들어서는 자리를 전실이라 하였다. 금당 밖에 따로 있는 구조물이다.

전실이 없으면 마당에서 예불드릴 수밖에 없었다. 석등이 발달하였던 까닭도 되는 것이 아닌가 싶다. 비라도 내리는 일기 불순한 시절엔 예불 처소로 금당 주변의 행각(회랑)이 이용되었어도 좋았다. 이 행각이 이제 와서 쇠퇴한 것은 사람들이 법당 안에 들어서면서부터가 아닌가 생각된다.

불상 없는 법당

법륜이나 탑을 모시는 일로 만족하던 시절이 있었다. 아직 부처님 조성할 수 없었던 시기였다. 부처님 조성이 시작된 뒤로는 대부분의 사원에서는 부처님 모실 방도를 강구하였다.

부처님 모시면 복장을 하고 점안을 하였다. 부처님의 화신임을 증명하는 것이다. 그러면서도 한쪽이 늘 허전한 것은 부처님 진신이 거기 계시면 얼마나 좋을까 하는 아쉬움 때문이다.

부처님 열반하시고 다비를 모시자 수많은 사리가 수습되었다. 그런 사리를 모신다면 부처님 진신을 모시는 바와 다르지 않겠다는 생각도 갖게 한다. 간절히 소원한다. 부처님 사리라도 친견하고 가까이 모실 수만 있다면 얼마나 환희심이 북받칠 것인가.

신라의 자장 스님도 그런 소원이 있으셨나 보다. 유학하고 있던 곳에서 마침내 부처님 사리를 얻게 되었고 모시고 귀국하였다. 맞이하는 사람들의 기쁨도 대단히 컸다.

영취산에 통도사가 있다. 금강계단(金剛戒壇)에 부처님 사리를 정중하게 모셨다. 지금도 이 계단 앞에서 젊은 스님들은 계를 지켜 불법 닦기를 기원하고 있다. 금강계단에 의례를 드려야 마땅하다. 마당에서 정례드려도 무난하다고 여기던 시절이 지난 뒤에 편의에 따라 예배처를 계단 앞에 마련하였다. 지금 그 건물을 대웅전이라 부른다.

대웅전에는 불상이 봉안되는 것이 보통이나 통도사 대웅전에는 불상이 없다. 금강계단의 부처님 사리를 두고 예불드리니 구태여 불상이 있어야 할 까닭이 없다.

대웅전은 여느 법당과 다르게 생겼다. 다른 법당은 좌우로 긴 장방형인데 여기 법당은 앞뒤로 긴 강당형이다. 금강계단 쪽에 공양드릴 때 소용되는 불탁자만이 장중하게 구조되어 있다. 탁자 앞에서 절하면 금강계단을 향하고 예배하게 되는 것이다.

국내 여러 곳에 적멸보궁(寂滅寶宮)들이 있다. 적멸보궁의 법당들에도 불상을 조성해 모시지 않는다. 지금도 대부분 그렇게 하고 있다. 역시 예불드리는 처소로 법당을 지었기 때문이다.

적멸보궁은 법당 뒤쪽의 두두룩한 언덕에 있는 것이 보통이다. 거기에 부처님 사리를 봉안하였다고들 말한다. 흥령사(興寧寺)에서는 적멸보궁 앞에 석실(石室)을 구성하였다고 징효대사 탑비에 기록되어 있다. 그 석실이란 유구가 지금도 전하여 온다고 한다.

대웅보전과 대웅전

지금쯤 부처님이 어디에 계실까 한 스님이 궁리를 해본다. 지극한 즐거움이 다하지 않은 세계에 계실 것이란 생각이 든다. 그런 세계는 과연 어떻게 생겼을까 궁리가 깊어진다. 스님이 늘 생각해 오던 이상향과 비교하여 본다.

부처님은 가장 환경이 좋은 집에 살고 계실 것 같다. 그런 집이라면 보궁(寶宮)이라 이름지어도 좋을 것 같다. 부처님과 그의 권속들이 계신 보궁 근처에는 부처님께 환희하는 분들이 이리저리 모여 있을 것 같다. 그런 광경이 아름답게 떠오른다.

한 스님은 또 생각하였다. 잠깐 모셔다 내가 살고 있는 이 절에 사시게 한다면 그런 환경을 조성해 드릴 수 있을까 궁리해 보았다. 감히 다 구비하기는 어렵다. 그러나 정성을 다하여 보궁만은 지어 드릴 수 있을 것 같다. 그렇게 생각을 정리하고 나니 신이 난다. 보궁을 지어 드리자.

스님은 경험한 바가 있다. 임금을 위하여 궁전 짓고 있는 곳에 가본 적이 있었다. 백성들이 살고 있는 집에 비하면 월등히 장중한 전각을 짓고 있었다. 가장 좋은 집을 지어 드려야 하늘이 내리신 임금이 살기에 부족함이 없을 것이란 집념들이었다.

임금님은 스승으로 왕사를 모신다. 스승이 자부와 같으니 왕사가 임금님보다 격이 높은 셈이다. 그런 왕사나 국사가 사생자부로 극진히 모시는 부처님의 집을 짓는다면 궁전보다 더욱 장엄하면 되리란 생각이다. 가장 격조 높은 집 짓기로 하고 대목 불러 일을 맡겼다.

마침내 보궁이 이룩되었다. 장중한 보궁이 궁리한 만큼 완성된 것이다. 스님은 기쁘고 신이 나서 부처님 모시기로 하였다. 영산 당시의 석가여래를 모셔 오기로 하였다. 석가세존과 좌우로 협시보살을 모셨다. 아담한 불단 중앙에 정중하게 모셨다. 그리고는 보궁 앞 이마에 대웅전(大雄殿)이라 쓴 편액(扁額)을 달았다.

다른 한 스님이 계셨다. 역시 보궁 지을 궁리를 하였다. 국내외의 전문가들과 의논하면서 솜씨 있는 도편수에게 의뢰하여 더욱 장중한 법당을 엄숙하게 지었다. 집에 걸맞게 부처님을 모셨다. 세 분의 여래가 나란히 앉으시도록 마련하였다. 세 분 여래는 권속으로 협시보살을 거느리셨다. 편액에 대웅보전(大雄寶殿)이라 하였다.

대웅전은 대적광전(大寂光殿), 비로전(毘盧殿)이라고 달리 부르기도 한다. 삼신(三身)을 하나로 보는 관점에 기반된다. 법당 둘레에 난간이 설치된 예가 있다. 현존하는 법당 중에서 봉정사(鳳停寺) 대웅전에는 약간의 흔적이 남아 있다. 앞에 쪽마루를 설치한 것이다. 지금은 모양이 바뀌었지만 중수하기 이전의 극락전 앞에도 유사한 쪽마루와 난간이 있었다. 그러나 본격적인 난간 구조와는 다르다. 하지만 주목해 볼 만한 자료는 된다.

실상사의 백장암에는 삼층으로 쌓은 아담한 돌탑이 하나 있다. 각 층마다에 아랫도리로 난간을 둘렀다. 난간 안통이 실내가 되겠는데 거기에 여러 분들이 앉아 있다. 여래와 그의 권속들이 앉아 있는 모습으로 보인다.

법당에 난간 두른 모습은 호암미술관에 소장되어 있는 신라시대 불경 변상도에서도 볼 수 있다. 고려시대의 사경 변상도에서도 찾아볼 수 있다. 실존하던 옛 보궁의 형상이 그렇게 묘사되어 있는 것이다. 지금과는 달라진 모습이다.

법거창신(法據創新)의 생각으로 이 시대의 조영사상에 따라 송광
사 대웅보전을 중건하였다.

이름난 절의 대부분의 중요 전각들이 조선시대의 작품들이다.
조선시대 여건에 알맞게 지은 집들이다. 조선시대는 이미 지나갔
다. 조선조가 멸망한 지도 벌써 1세기에 가깝다. 이제 현대의 전각들
이 새로운 기운으로 들어설 때가 되었다.

새로 짓는 절에는 조선조 시절과 마찬가지로 되지으려 하는 경향
이 아직도 있다. 새로운 시대에 걸맞는 생각이 여물지 못하였기
때문이다. 집은 한 시대의 반영(反映)이다. 사회상과 문화가 그 집에
담긴다. 현대는 현대다운 집을 지어야 마땅한 까닭이다.

재목을 써서 짓는다 해서 꼭 조선조의 법대로만 지을 까닭은 없
다. 현대인들의 생각을 담아야 한다. 법식(法式)은 옛것으로 하되
생각과 기법은 새로운 자료의 구사를 통하여 영롱하게 빛나게 해야
한다. 송광사의 대웅보전은 제8차 중창에 맞추어 현대식 기법으로
창신되었다.

많은 칭찬을 듣는다. 새로운 방식이 공감되었다는 뜻이다. 이는
목조 법당의 새로운 출발의 기틀이 될 수 있다. 오늘의 법당 건축
성행을 위한 방안이 마련되었다고도 할 수 있다.

극락전·무량수전

나무아미타불, 나무아미타불. 누구나 수없이 되뇌인다. 절 어귀
바위에도 '나무아미타불'이라 새겨져 있다. 절에 가면 아미타불은
극락전에 계신다. 그분이 극락의 세계를 다스린다.

범어로 'Amitāyus(아미따 유스)'나 'Amitābha(아미따 브하)'라

하고 한문으로 번역하면 '阿彌陀'가 된다. 무량(無量)하다는 뜻이다. '유스'나 '브하'는 수명과 광명이다. 그러니 무량수와 무량광이 된다. 무량수는 무한한 생명과 자비이고 무량광은 광명과 지혜이다. '나무아미타불'은 무한한 생명과 지혜로써 부처님께 귀의하겠다는 마음을 다짐하는 구호가 된다. 나무(南無;Namas, Namo)는 돌아가 의지한다는 뜻이다.

'무량수경(無量壽經)' '관무량수경(觀無量壽經)' '아미타경(阿彌陀經)'은 정토삼부경(淨土三部經)이라 해서 극락을 공부하는 기본 경전으로 친다. 이들 경문에는 극락의 위치, 극락의 모습 그곳에 상주하며 설법하고 계신 아미타불(무량수불, 무량광불)을 넉넉히 칭송하면서 어떻게 하면 그곳 극락으로 가볼 수 있는가를 설명하고 있다.

아주 넓은 여덟의 연못이 있다. 연꽃이 피었는데 황금의 빛으로 빛나고 있다. 연못의 물은 아주 맑고 깨끗해서 바닥이 들여다보인다. 향기 품으며 흐르는 강물도 있다. 그 물은 맛도 좋고 상쾌하기가 이를 데 없다. 강물에는 신묘한 힘도 있다. 키가 크거나 작거나를 막론하고 물에 들어서면 강물은 저절로 알맞은 깊이가 되면서 감싸준다.

마당은 칠보로 덮였고 여러 가지 꽃들이 방창하며 향기가 그윽하고, 주옥으로 된 나뭇가지마다엔 온갖 새들이 앉아 맑고 명랑하게 지저귄다. 진리를 노래로 부르고 있는 것이다. 극락은 일년 내내 춥지도 덥지도 않고 알맞게 쾌적하고 어둠이 없는 밝은 세상이다. 그러니 지옥에서나 볼 수 있는 아귀 따위는 근접할 수 없게 되어 있다. 극락에 태어난 사람은 아무런 고통도 없고 즐거움만이 있을 뿐이며 아무 때고 원하는 대로 먹고 입을 수도 있다.

극락의 형상을 설명한 뒤에 정토삼부경은 극락에 태어날 수 있는 자격 요건을 제시하였다. 항상 사십팔원(四十八願)을 세워 성취하는

데 전력하여야 되고 다시 십육관(十六觀)도 아울러 닦아야 한다고
하였다. 아미타불, 무량불, 무량광불, 무량보광불을 모시기 위하여
극락전, 극락보전, 무량전, 보광명전 등을 짓는다.

화암사(花巖寺;전북 완주군)의 극락전은 공포 구조가 특이하여
크게 주목되어 온다. 지금은 그 이름조차 잊게 된 공포 구조를 채택
하고 있다. 중국 사람들이 '하앙(下昂)'이라 하고 일본 사람들이
'오오다루끼(尾棰)'라 부르는 그 유형이다. 일본 사람들은 백제 건축
가들에 의하여 조영(造營)된 이 법식을 꾸준히 간직하고 있다. 법륭
사(法隆寺) 등 백제 건축가들이 경영하였다는 건물에도 이 법식이
보존되어 있다.

백제 고토엔 하나도 남아 있는 것이 없으나 국립부여박물관에
소장되어 있는 작은 금동탑재에서 그 고형을 엿볼 수 있다.

화암사 극락전은 그 공포와 다포계의 구조법이 합하여져 있다.
아주 독특한 모습을 완성해 낸 것이다.

부석사는 무량수전 서북쪽에 부석이 있어 그 이름을 얻었다. 부석
사는 문무왕의 명을 받고 의상대사가 개창하였다.

부석사의 자리는 전략적으로 중요한 요충지였다. 백두대간(白頭大
幹)으로 통하는 길목에 위치하였다. 백두대간의 능선을 타고 다니는
길에서 서라벌로 접어들자면 부석사 부근을 지나가야만 했다. 또
영북에서 버티재 넘어 영남으로 가자면 여기에서 고개 넘어야 하는
인후지지(咽喉之地)이기도 하다.

아직 거기에 통일신라의 지표에 반항하는 세력들이 있었다. 그들
을 물리치고 거점을 확보하여아 했다. 저항 세력은 완강하였다. 그
때 선묘여인이 이적을 부린다. 부석 큰 바위가 저절로 떠오르게
하였다. 의상대사의 신통력으로 인식하게 만들었다. 저항의 무리들
은 그 신통력에 감복하여 오히려 부석사 창건에 기꺼이 참여하게
된다.

약사전(藥師殿)

선덕여왕이 앓고 누웠다. 선덕여왕은 백성들에게 아주 인기가 좋았다. 지귀라는 청년이 짝사랑을 하면서 일으킨 이야기들이 지금도 전해 올 정도로 백성들은 여왕을 좋아하였다. 그런 임금이 병석에 누웠다. 모두가 근심에 싸였다. 갖은 약을 다 달여 드려도 효험이 없다는 것이다. 침중한 분위기가 나라를 뒤덮었다. 밀본(密本)법사도 근심이 되어 임금님께 나아가 문후를 드렸다. 그리고는 임금님 병석 앞에 향을 태우면서 「약사경(藥師經)」을 읽었다. 그러자 어디선가 육환장(六環杖)이 하나 침전 안으로 날아들더니 내려친다. 깜짝 놀라 바라다보니 임금님 쪽에서 늙은 여우 한 마리가 매를 맞고는 방 밖으로 뛰어나가더니 쓰러져 죽고 만다. 임금님 병환은 씻은 듯이 낫게 되니 임금님은 물론이려니와 백성들도 다 기뻐하였다고 「삼국유사」는 기록하였다.

여진족과 몽고족들의 핍박이 한창 심할 때 고려 사람들은 약사도량을 열고 「약사경」을 외면서 외적을 물리쳐 주시도록 빌었다. 영락없이 효험이 있어 외적을 격퇴하곤 했다는 기록도 있다.

약사여래는 백성들의 모든 질곡을 물리쳐 주는 분이다. 몸의 질병뿐만 아니라 마음에 든 병이나 집에 든 재난까지를 치유하거나 소멸시켜 준다. 아픈 사람들은 약사여래 계신 약사전에 찾아간다. 한 손에 약병을 들거나 약함을 손바닥 위에 올려 놓은 모습으로 결가부좌하고 맞이하신다.

「약사여래본원경(藥師如來本願經)」에 약사여래께선 그 곁에 항상 십이지신장들을 거느리시고 중생을 제도하되 질병 재난을 면하게 해주고 더욱이 의식이 부족한 이들에겐 충족하게 마련해 주고 백성들 억압하는 폭군이나 외국의 침략군까지도 물리쳐 안심하고 살게 해주신다고 하였다.

미륵전(彌勒殿)

석가모니 열반한 뒤로 56억 7천만 년 지나면 말세가 된다. 천재지
변이 지속되고 몹쓸 일들만 일어난다. 그 때까지 도솔천의 미륵보살
이던 분이 사바세계 용화수 아래 내려와 성도하고 미륵불이 된다.
석가여래가 다 구제하지 못한 중생들을 제도한다. 모든 대중을 위하
여 용화 삼회를 열고 설법한다. 이상의 세계를 이룩한다.「미륵하생
경」과「미륵성불경」의 기록이다. 이에 따라 금산사에 3층 미륵전
짓고 '용화삼회(龍華三會)'라 써서 달았다.

「미륵상생경」이 있다. 하늘 나라에 이상향인 도솔천이 있다. 미륵
보살이 계신 곳이다. 거기에 태어났으면 좋겠다고 소망한다. 소망의
달성을 위하여는 돈독히 마음을 닦아야 한다는 내용이 담긴 경문이
다. 이에 따라 미륵전은 곳곳에 세워졌다.

금산사 미륵전

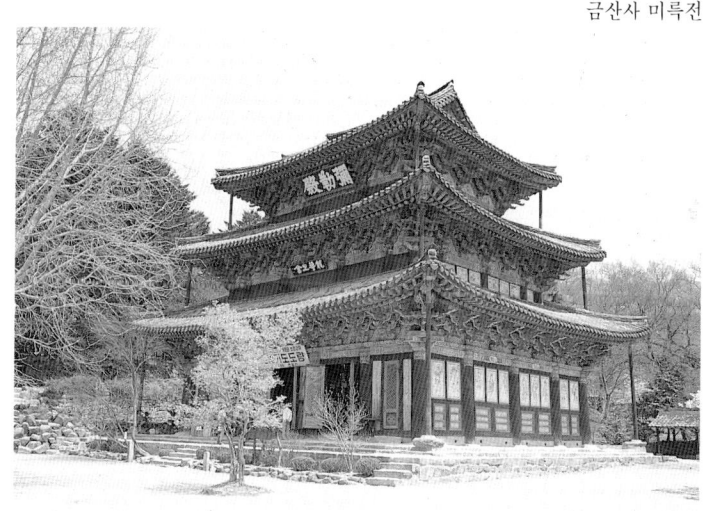

팔상전·영산전

　석가모니의 일생을 여덟 가지로 나누고 그 극적인 장면을 그림으로 그린 것이 팔상도(八相圖, 八相幀)이다. 유명한 법주사 팔상전이나 하동 쌍계사의 팔상전, 양산 통도사의 영산전이나 조계산 송광사의 영산전에 필치 좋은 그림의 팔상도가 봉안되어 있다.

　도솔내의상(兜率來儀相)　　탄생을 위하여 도솔천을 떠나 흰코끼리 타고 북인도의 가비라 정반왕궁을 향하고 있는 광경.
　비람강생상(毘藍降生相)　　마야부인이 산달을 맞아 친정으로 가는 중에 산기가 있어 룸비니 동산에서 낳는다. 길에서 탄생하였다는 점은 석가모니 생애를 통하여 상징적 의미를 지닌다. 석가모니는 생사 해탈의 길을 찾아 나선다. 무진고행 끝에 그 길을 깨닫게 된다. 이후로 45년간 다니며 설법해서 지혜와 자비의 길로 인도한다.
　사문유관상(四門遊觀相)　　도성의 성문에 나가 본다. 노인과 아픔을 호소하는 병자와 죽어 실려 나가는 시체를 동, 서, 남문에서 본다. 북문에서는 출가하는 사문과 만난다. 드디어 출가를 결심하게 된다.
　유성출가상(踰城出家相)　　스물아홉 살 나던 해에 사랑하는 처자와 왕위 계승할 태자의 자리를 버리고 성을 떠나 출가한다. 집착과 갈등을 성과 함께 버리고 떠난 것이다.
　설산수도상(雪山修道相)　　육 년 동안 갖은 고행을 겪으며 스승을 찾아다니다가 스승은 밖에 있지 않고 자기 자신에 있음을 알아차리고 부다가야의 보리수 아래에서 선정에 들어간다.
　수하항마상(樹下降魔相)　　선정에 들어가자 내면적인 갈등이 비등한다. 수도는 자기 자신과의 투쟁임을 깨닫고 맹렬히 용맹 정진한다. 필경에 대오각성의 경지에 도달한다. 석가모니 생애에서 가장

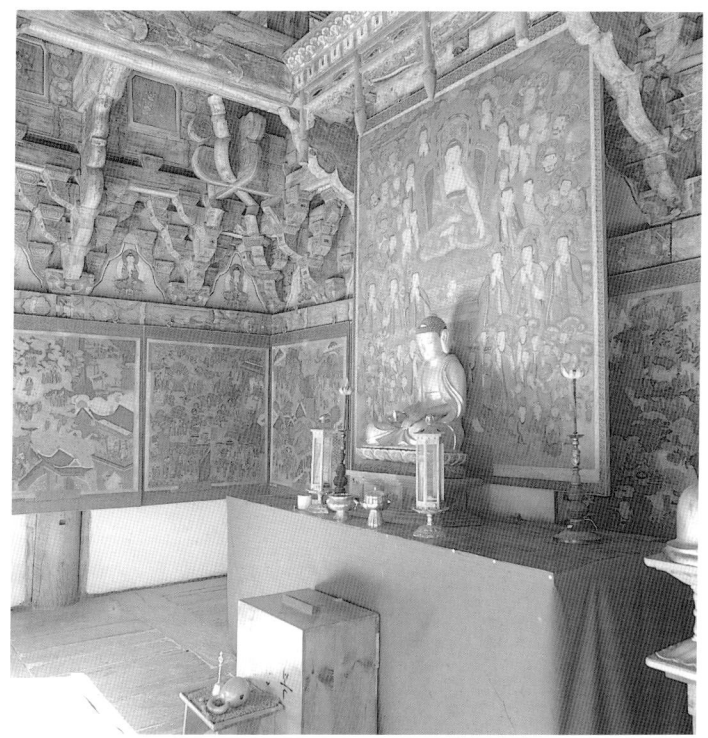

송광사 영산전 내부

중대한 시기가 된다. 대각하였다는 점을 마군들에게서 항복받았다고
표현하였다.

　　녹야전법상(鹿野轉法相)　　부다가야에서 대각을 얻은 석가모
니는 500리쯤 떨어진 녹야원으로 간다. 수도자들이 많이 모여 있는
곳이다. 처음으로 다섯 명 수행자에게 설법한다. 그들이 귀의하여
제자가 된다. 이들이 다섯 비구이다.

　　쌍림열반상(雙林涅槃相)　　여든의 높은 연세로 생애를 마친
다. 오늘의 대장경에 수록할 만큼 많은 설법을 한다. 수많은 사람들

이 교화된다. '제행무상, 불방일정진(諸行無常, 不放逸精進)'을 최후로 당부하고 열반에 드셨다. 사라쌍수 아래서였다.

용문사(龍門寺)엔 1701년에 그린 팔상도가 보존되어 있다. 경기도 용문산 용문사와 이름이 같은 경북 예천의 용문사에도 팔상도가 있는데 1709년에 완성된 것이다. 송광사 영산전 팔상도는 1725년의 것이고 하동 쌍계사 소장품은 1728년에 이룩된 것이다.

충분히 조사되지 않아 그 이전의 작품들이 얼마나 더 있는지는 알 수 없으나 팔상전, 영산전이나 팔상 탱화는 비교적 드문 쪽에 속한다.

팔상전이나 영산전(靈山殿)은 내부에 따로 큰 불단을 조성하지 않는 것이 보통이다. 법주사 팔상전은 사천주에 친 벽체를 이용하여 두 폭씩 사면 벽에 걸었다. 송광사의 영산전에는 석가여래 주존한 분만 간결하게 모셨을 뿐 내부는 텅 비어 있다. 본존 뒷벽으로 팔상도 여덟 폭을 가득 차게 걸어 봉안하였다.

송광사 영산전의 팔상(八相) 탱화는 그림의 배경이 되는 건축물과 풍물들이 인도나 중국적이 아니라 조선시대 모습이다. 인물이나 그들의 복식도 조선시대 특색을 잘 드러내고 있다.

조선시대에 살고 있는 신도들에게 쉽게 이해하도록 그린 그림인 것이다. 인도 불교의 토착화의 한 현상이라고도 할 수 있는데 이 점은 한국 불교가 지니고 있는 강점이라고 할 수 있다.

부처를 남의 나라의 먼 사람으로 여기게 하지 않았다. 친근한 이웃의 분으로 섬길 수 있게 하였던 것이다. 누구나 그에게 접근할 수 있는 분위기를 조성하였던 것이다.

관음전·원통전

묘장왕 막내딸 묘선이 향산에 입산하여 비구니가 되자 왕은 크게 노한다. 절을 불태우고 묘선과 다른 비구니들까지 죽였다. 묘선은 명부에 갔다가 즉시 소생하여 다시 향산에 머물며 수도한다. 묘장왕이 크게 앓는다는 소문이다. 묘선은 찾아가 자기 손과 눈을 바쳐 왕의 중병을 구환한다. 그 후에 묘선은 성도하여 관세음보살이 되었다. 향산성도의 관세음 본생담 이야기이다.

중생의 모든 어려움을 구제하고 각기의 소원을 성취시켜 주는 대자대비한 보살로 대중들에게 널리 알려져 있고 백성들의 절대적인 지지와 귀의를 받고 있다. 관세음보살, 관자재보살을 자꾸 부르면 정성스러운 그 소리를 듣는 순간 괴로움과 고난을 소멸시켜 준다.

관음전에 관세음보살을 모신다. 관음전을 원통전(圓通殿)이라 부르기도 한다. 절대적인 진리가 원만하게 탐색된다는 '주원융통(周圓融通)'에서 유래된 이름이다.

화엄사(華嚴寺)의 원통전은 각황전과 대웅전 사이에 남향하고 있다. 규모는 이들 법당에 비하여 소규모이며 아담하다. 안에 들어서서 남쪽으로 열린 문얼굴의 윗부분을 쳐다보면 거기에 조선시대에 그린 비천상의 그림이 있다. 이제 유일하게 남아 있는 화엄사의 벽화라고 할 수 있다.

송광사에도 관음전이 있어 관음기도가 유명하다. 이 관음전의 전각은 조선시대 왕실의 원당이던 성수각(聖壽閣)이었다.

조선조의 국시는 불교를 억압하고 유교를 숭상하는 것이었으나 역대의 임금과 왕비들은 대부분 부처에게 의탁하는 마음들이었다. 조선조에서 수많은 사원들이 대규모로 존속할 수 있었던 것은 왕실의 비호가 있었기 때문이었다고도 할 수 있다. 관원들이 시주하는 일을 왕실에서는 묵인하고 있었다.

왕실에서 치성드릴 일이 있으면 명산대찰에 상궁을 파견하여 기도하게 하였다. 상궁들의 기도처에 그들이 전유할 수 있는 전각을 마련하였다. 성수각도 그런 원당의 한 가지였다. 지금 대부분의 이런 유형의 전각들이 없어지거나 성격을 달리하고 있어 얼른 눈에 띄지 않는다. 송광사 성수각은 비교적 옛 모습을 잘 간직하고 있다.

송광사 관음전 내부

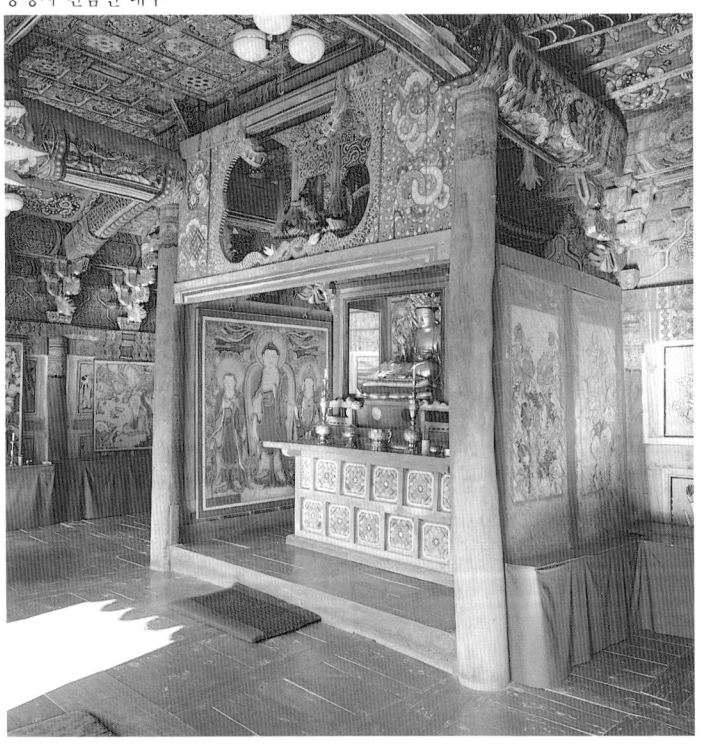

명부전·지장전

명부(冥府), 지장(地藏) 또는 시왕전(十王殿)이라고도 하는데 주존은 지장보살이다. 지장보살(地藏菩薩, Kṣitigarbha)은 육도 윤회에서 고통받는 일체 중생을 구제하는 일을 서원으로 세우고 있다.

지장보살은 지옥에 들어서 있다. 죄인들은 염라대왕의 업경대(業鏡臺) 앞에서 지은 죄를 숨김없이 공술해야 한다. 두루마리에 그런 죄목들을 차례로 적어 넣는다. 공술이 끝났을 때 업경대에 더 이상의 죄가 비쳐지지 않으면 심문은 완료된다. 죄를 적은 두루마리를 저울에 달아 본다. 죄가 무거운지 가벼운지가 판가름난다. 이 과정을 지장보살이 지켜보면서 죄를 변호해 주기도 한다.

지장전에는 지옥에서의 그런 광경들을 그린 시왕도(十王圖)가 있다. 「시왕경(十王經)」에 의하면 죽은 사람들은 이레에서 사십구일까지와 백 일과 일 년, 십삼 년 등 열 차례에 걸쳐 임금님 앞에 나아가 재판을 받게 되었다. 그런 내용이 시왕도에 묘사되어 있다.

경남 고성 옥천사에도 그런 시왕 탱화가 있는데 열 폭 각각 왼쪽 위에 열 사람 임금의 이름이 쓰여 있다.

화폭 아래에서 ⅓에 이르는 부분에 색구름이 피어 오른다. 윗부분엔 책상에 앉은 대왕이 중심에 있고 그 주위에 사자, 판관, 천인과 동자 그리고 아귀 등이 묘사되어 있고 구름 아래로는 지옥에서 벌을 받고 있는 장면이 그려져 있다. 표정들은 근엄하지만 그들 얼굴에 웃음이 스며 있다. 고통 속에서 오히려 희열을 느끼는 것이다. 묘한 이치이다.

나한전·응진전

석가모니에게 열 사람의 대단한 제자들이 있다고 한다. 토함산 석불사에도 그런 열 명의 제자들 모습이 표현되어 있다. 열여섯의 나한(羅漢)도 있었다 한다. 열여섯 분을 모신 나한전이나 응진전이 여러 절에 있다.

나한은 아라한(阿羅漢, Arhan)의 약칭이다. 아라한은 응공(應供), 응진(應眞)의 자격을 갖춘 분들이라 말한다. 공양받을 자격이 있는 분들을 응공이라 한다. 진리에 당하여 사람들을 충분히 이끌 수 있는 능력의 소지자를 일컬어 응진을 갖추었다고 말한다.

아라한은 성자(聖者)를 부르는 호칭이기도 하다. 비단 불교에서만 쓰는 존칭이 아니라 인도 여러 종파에서도 사용하고 있다.

나한, 응진전엔 석가모니불이 주존으로 모셔져 있다. 좌우에 큰제 자인 가섭(迦葉)과 아란(阿難)이 모시고 있다. 그 좌우로 열여섯 분의 나한들이 차례로 앉았다. 아주 자유스러운 몸짓을 하고 있다. 웃기도 하고 졸기도 하고 등을 긁기도 한다. 생활하는 모습의 자유 자재한 형상들이다.

절에 따라서는 오백 나한전이 있다. 오백 분의 나한들을 모신 것이다. 그림으로 그리기보다는 규모는 작지만 조상(彫像)으로 모시 는 예가 많다. 현존하는 조선시대 오백 나한전의 대부분에 그런 조상들이 봉안되어 있다.

석가여래 열반 뒤에 큰제자 마하가섭(摩阿迦葉)이 회의를 소집하 였다. 생전에 부처께서 설법하신 바의 내용을 모아 정리하기 위함이 다. 오백 분의 비구들이 모여들었다. 오백 분은 하나 같이 아라한의 경지에 도달한 분들이다. 이 모임을 제1결집 또는 오백결집이라 부른다. 오백 나한전의 오백 나한들은 이 모임에 모였던 오백 명의 모습을 묘사한 것이다. 역시 가장 편안한 자세들을 취하고 있다.

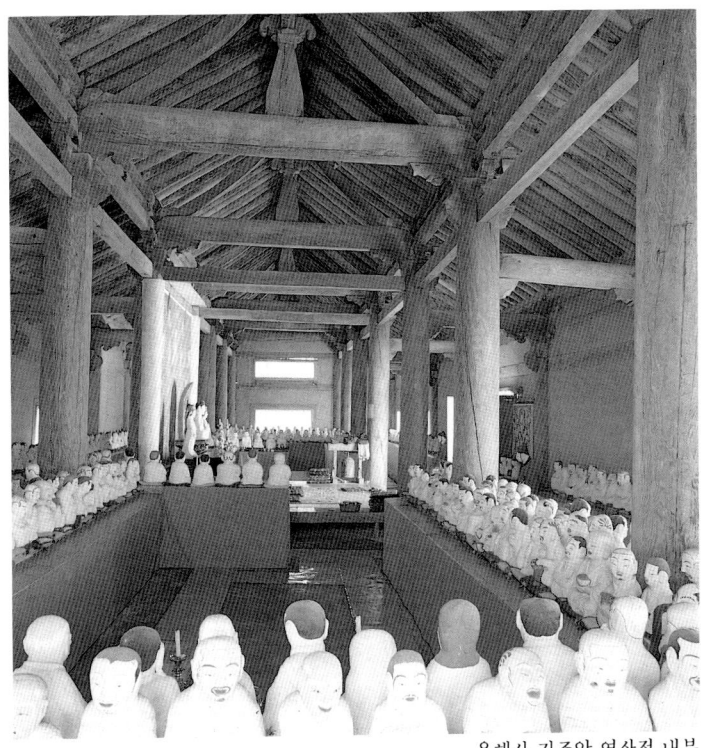

은해사 거조암 영산전 내부

「법화경」의 오백 제자 수기품(五百弟子授記品)에, 오백 분의 아라한들은 불타로부터 장차의 부처로 성불하리란 예언을 받고 있다고 하였다.

대장전

불법의 경문을 보장하는 윤장대가 두 틀 마련되어 있다. 팔각형의 평면으로 장대를 만들었다. 밑둥을 팽이처럼 하고 손잡이를 부착하였다. 빙글빙글 돌려 가면서 염송할 수 있게 하였다. 그런 윤장대를 보관한 귀한 법전이라 해서 대장전(大藏殿)이라 이름하였다.

대장경판고

고려에서 만들어 낸 팔만대장경이 지금 해인사 대장경판고에 보장되어 있다. 경판고는 수다라장(修多羅藏)과 법보장(法寶藏)의 두 건물이다. 두 건물 마구리에 작은 건물이 둘 더 있어 잡판(雜板)들을 보관하고 있다.

판고는 통풍과 방습을 고려하고 지은 뛰어난 건축물로 알려져 있다. 광창만 해도 위치에 따라 중방 위쪽의 것과 중방 아래의 것이 크기를 달리하고 있다. 경판으로 인쇄하고 난 뒤에 판이 적절히 건조되면서 안착하면 벌레도 곰팡이도 슬지 않는다. 통풍의 배려가 그런 결과까지를 초래하고 있다. 이른바 과학적이라는 칭송을 듣게 되는 것이다.

경판고의 수다라장 문얼굴은 미묘한 곡선으로 구조되었다. 경판고는 긴 건물이다. 중방과 광창이 연출하는 직선재들의 연립으로 건물의 성격은 굉장히 강직하고 긴장되어 보인다. 그런 분위기는 접근하기 어렵게 만든다. 자주 드나들어야 하는 사람들에게는 피곤하다. 슬쩍 풀어 주기 위해 직선들 사이에 곡선을 튕겨 넣어 준다. 순간의 곡선이지만 이것의 존재는 일시에 긴장감을 풀어 주는 역할을 한다. 수다라장의 곡선 문얼굴은 바로 그 점을 노린 구조이다.

어떤 곡선을 채택할 것인가 고심하였다. 박진한 맛이 덜해야 한다. 넉넉한 맛을 풍기도록 곡선을 잡는다. 덕기(德氣)를 지닌 선이 생겨났다. 그런 선이 문얼굴에 채택되었다.

통일신라에서는 법화경이나 화엄경을 판석(板石)에 새겨 법전에 보장하기도 하였다. 구례 화엄사의 각황전(覺皇殿)은 화엄경을 석각(石刻)한 것을 보장하기 위하여 세운 건물이다.

지금의 각황전은 임진왜란 때 불탄 것을 중건한 것이다. 지금도 들어가 보면 불단과 뒷벽이 다른 법당에 비하여 앞으로 나와 있다. 뒷부분이 아주 넓은 공간으로 만들어진 것이다. 화엄석경(華嚴石經)이 바로 이 뒷벽면에 설치되어 있었다. 불타면서 집이 무너지는 서슬에 석경도 산산조각이 나서 지금은 무수한 파편으로 남아 있다. 파편을 통해 석경을 설치하였을 당시를 상상해 보면 대단한 불사였음을 알게 된다.

조사전·국사전

선종(禪宗)의 문중에서는 스승에 대한 공경을 깍듯이 한다. 그 중에 조사(祖師)는 특히 더 떠받든다. 조사는 종(宗)이나 어떤 파를 개창한 분이므로 그 선덕(先德)에 귀의하는 일을 후인들은 지극히 하였다. 그만큼 존숭하였다.

선종에서는 달마 스님을 제일가는 조사스님으로 떠받들고 있다. 송광사의 상사당(上舍堂)에서 고승 대덕들이 달마 스님의 영정을 지극히 공경하고 있는 점도 바로 그런 예가 된다.

조사를 존숭하기 위하여 그의 사리를 봉안하는 사리탑을 세우고 그의 뛰어난 행장을 금석에 남기기 위하여 탑비를 건립하기도 하지만 경내에 조사전(祖師殿)을 짓고 거기에 조사의 영정을 봉안하고 제의를 받들기도 한다.

조사전이 없는 절에서는 대신 영각(影閣)을 짓는다. 선사(先師)들의 영정을 봉안하고 봄 가을로 제사를 받든다. 이 일은 선배를 기리는 마음의 발로이기도 하지만 그 절이 지내온 역사가 담겨지는 일이 되기도 한다. 그 절의 생생한 역사를 알기 위하여는 조사전이나 영각을 예방(禮訪)하는 일이 유익하다.

국사가 배출된 절에선 국사전(國師殿)을 짓기도 한다. 조계산 송광사에도 국사전이 있다. 고려의 지눌 보조국사(1158~1210년)를 비롯하여 이 절에 머물던 열다섯 분의 국사님들 영정을 봉안하였다. 십육 국사전인 셈이다.

송광사에는 조선시대 배출된 선덕들을 모시기 위한 영각과 효봉과 구산 스님을 모신 현대인을 위한 영각이 더 있다. 스승을 공경하는 선풍의 종찰다운 풍모가 잘 드러나 있다.

각 사찰의 조사전이나 영각들은 대부분 가람에서 제일 깊은 자리에 있다. 산기슭에서 산자락을 깔고 있다. 마치 살림집에서 가묘(家廟)가 위치하고 있는 그런 자리와 방불하다.

유교의 서원(書院)이나 교육 시설에서는 후묘선학(後廟先學)이라 해서 성현의 위패를 모신 사묘(祠廟)를 뒤에 두고 그 앞쪽에 학구하는 처소를 배치시키는 법을 제도화하였다.

조령(祖靈)과 생령(生靈)들이 한자리에 모여 살고 있음을 표방한 것이다. 이는 후인들이 선인이 가던 길을 따라가고 있음을 증명하는 것이기도 하다.

유교적인 요소가 조선시대의 불교 사원에도 첨가된다. 통도사의 개산 조사를 위한 사묘를 별도 일곽에 경영한 점이나 표충사에 사명 대사의 사당을 따로 지은 예들이 그런 유형에 속한다.

조사전 건물로 손꼽히는 것으로 부석사(浮石寺) 조사당이 있다. 3칸짜리 작은 건물로 맞배지붕의 소박한 구조인데 고려 말엽의 독특한 구조 법식과 기법을 잘 지니고 있다는 평판을 듣는다.

조선조 초기 건물로 송광사 국사전이 손꼽힌다. 역시 주심포계 공포 구성의 4칸 건물인데 지붕은 맞배이다. 마루를 까는 등의 변형이 일부에 있었으나 옛 모습을 잘 간직하고 있다. 특히 백호 등이 있는 단청도 주목되어 오고 있다.

설법전·무설전

부처님은 어느 날 오후에 아지타바티강으로 가서 시원하게 목욕한다. 아난다가 동행하였다. 목욕이 끝난 뒤에 아난다가 청한다. 바라문 람마카의 집으로 가보시자고 말한다. 응낙하고 그의 집으로 갔다.

람마카의 집에는 많은 비구들이 모여 있었다. 설법을 하고들 있었다. 부처님은 설법이 끝나도록 집 밖에 서서 기다렸다. 마침내 설법이 끝났다. 그의 집 문을 두드렸다. 비구들이 문을 열고 나와 부처님을 맞아들였다.

부처님은 자리에 좌정한 뒤에 물었다.

"너희들은 무슨 이야기들을 하였으며 무슨 일로 여기에 이렇게 모였느냐"라고 하셨다. 비구들이 대답하였다.

"세존이시여, 저희들은 법을 말하고 있었읍니다. 그 법을 말하기 위하여 이렇게들 모였읍니다"라고 하였다.

부처님께서 말씀하신다.

"장하다 비구들이여, 언제나 모여 앉으면 마땅히 두 가지 일을 행하여야 한다. 하나는 진리에 대하여 이야기 하는 일이고 또 하나는 침묵을 지키는 일이다."

조계산 송광사(松廣寺)에는 설법전(說法殿)이 있다. 비구들이 진리의 법을 설하는 장소이다. 부처님이 장려하시던 일을 여기에서 한다.

지눌 보조국사께서 열반에 드시기 직전에 설법을 한다. 바로 설법전에서 하셨다고 전하여 온다.

불국사엔 무설전(無說殿;說은 說과 같다고 한다)이 있다. 금당(金堂) 뒤편에 있는 강당(講堂)이 곧 그것인데 비구들이 모여 법을 설하던 곳이다. 무수한 설법을 하는 곳을 무설이라 하였다. 부처님의 권유에 따라 침묵을 지킨 것이다. 말하는 것과 말하지 않는 법이 한가지라는 생각이 무설전 편액에 담겼다.

새로 창건하는 절에는 거의 설법과 무설전이 없다. 마련하지 않는 것이다. 새로 짓는 절에는 거의 선방(禪房)이 있다. 챙겨서 마련하고 있는 것이다.

승당(僧堂)

초기의 수행자들은 아무곳에서 기거하면서 수행에만 전념하였다. 따로따로 그렇게 하다 보니 의기투합하는 사람과도 만나게 되었다. 차츰 동료들이 늘어나게 되면서 공동 생활을 위한 거점이 필요하게 되었다. 부처님 당시에도 그랬던 듯하다. 불교 교단이 최초로 세운 사원은 왕사성 밖에 세운 죽림정사(Veṇuvana-Vihāra, 竹林精舍)이었다. 비구들이 모인 승당, 승원(僧院)이었다. 중원(衆園)이라고도 하는데 범어로 'Saṃghārāma'라 하고 이를 번역하여 승가람마(僧伽藍摩)라 하고 다시 약하여 가람이라 호칭하였다.

승방(僧房)

절에 당도하면 제일 먼저 만나는 이들이 승려들이다. 그들과의 접촉이 절에서 하는 첫번째의 일이다.

절에는 승려 이외에 부처와 법이 있다. 불(佛), 법(法), 승(僧)을 삼보(三寶)라 부른다. 삼보를 만날 수 있는 곳이 바로 절이다.

부처의 가르침에서 보면 그들은 허상(虛像)에 불과하므로 그들에 의지함은 신앙의 본질이 아니라고 할지 모르겠으나 백성들의 조촐한 성향에서 보면 눈에 들어오고 귀에 들리는 구상적인 맛이 있어야 한다. 절에 가서 삼보에 귀의하려는 생각은 백성들이 지니고 있는 통속성이라고 할 수 있다.

백성들은 스님을 개인의 인격으로도 받아들이지만 승보(僧寶)의 신앙 대상으로 받아들이기를 바라기도 한다. 승방은 그런 승보들이 수행하며 기거하는 처소라는 점에서 신도들에게는 신비한 곳이기도 하다.

한 곳에서는 기초 교육을 받는다. 출가 수행자가 갖추어야 할 제반 절차와 학문을 익힌다. 석가여래께서 45년간 설법하신 내용을 기록한 경전들을 숙독하면서 불법의 교리를 익힌다. 강사 스님들의 훈도로 수준이 향상된다. 이 때의 스님은 학인(學人)이 된다. 공부하는 그 자리가 강당(講堂)이 된다.

기초 교학의 수학이 끝나면 교학을 버리고 참선하는 일로 들어선다. 선방에 들어앉게 되는 것이다. 그런 선방을 선원(禪院)이라 부른다. 조계산 송광사에는 선방으로 수선사(修禪社)가 있다.

선원에는 불상을 안치하지 않는다. 예불드릴 시간이 되면 함께 선정에 드는 스님들끼리 예를 하며 공경함을 돈독히 한다. 어디에도 의존하지 않고 스스로 정진하여 부처가 되는 길로 나아가는 노력을 서로 칭송하는 일이다.

큼직한 방석을 깔고 좌선한다. 잘 때면 그 방석을 말아 배 위에 얹고 딱딱한 목침을 베개삼고 잔다. 그래서 선원을 일컬어 선불장(選佛場)이라 한다.

처음 절에 당도한 초발심자들은 자기 결을 삭이는 수련을 닦는다. 만나는 사람마다에 깊숙히 허리 굽혀 절하는 법을 익히게 한다. 밥을 짓고 공궤하는 방도도 가르친다. 새 출발의 고행을 이겨 나가게 하는 것이다.

밥을 짓고 대중이 모여 버릇대로 공양하고 신도를 공궤하고 기거하는 일에 수발드는 곳을 승방이라고 부른다. 후원이라고도 하고 삼묵당(三黙堂)이라고도 한다.

후원·삼묵당

깨끗한 몸으로 잘 먹고 잘 배설하는 일은 절에서도 중요한 사항이었다. 세 가지 요긴한 일을 충족시킬 수 있는 곳이 사원에서는 후원이다. 속칭 후원이라 하는 곳은 요사채에 소속되어 있으며 삼묵당(三黙堂)이라 부르기도 한다. 입을 다물고 하는 요긴한 세 가지 일을 해내는 곳이란 의미가 담긴 이름이다.

원주스님 지휘 아래 먹고 자는 일이 진행된다. 원주스님은 공궤할 모든 것들을 마련하여야 한다. 철이 되면 김치 담그고 장 담그는 일도 진행한다. 스님들 모두가 나서서 그 일을 돕는다. 공동의 노력이 창출되는 곳이다. 신도들에게 노출되지 않는 가려진 곳이기도 하다.

수각(水閣)

몸을 깨끗이 해야 한다. 마음은 더욱 청정해야 한다. 맑고 깨끗한 물로 씻어 내야 한다.

뒷산에서 샘물이 솟는다. 쉴 새 없이 솟는다. 철철 넘치는 물이

수각의 돌확(石槽)에 가득 찬다. 불국사에는 지금도 그런 돌확들이 남아 있다. 신라시대에 만들어진 대단한 작품들이다.

장방형으로 간결하게 만든 것도 있고 더러는 꽃의 모양을 본떠서 만든 것도 있다. 신라시대의 걸출한 작품들이다.

해우소(解憂所)

하루를 걸러도 어렵고, 때를 지체해도 어렵다. 얼른 해결해야 시원하고 가뿐해진다. 배설은 인간에게 요긴한 것이었다. 신라 때도 마찬가지였다. 불국사에 신라인들이 사용하던 매화틀과 부춧돌들이 남아 있다. 이제 보기 드물게 된 것들이 남아 있는 것이다.

부도밭

누구나 죽는다. 스님들도 입멸한다. 옷을 갈아 입는다고 말한다. 다비한다. 사리도 수습된다. 제자들은 공을 들여 사리탑을 조성한다. 사리가 보장된다. 부도(浮屠)라고도 부른다. 그런 부도들의 절에서 조금 떨어진 정결한 장소에 모인다. 오래 된 절엔 그 수가 많다. 그런 곳을 부도밭이라 부른다.

비림(碑林)

입적한 스님의 높은 품덕을 기리기 위하여 그의 행장을 소상히 적어 금석에 새긴다. 후세에 영원히 남기기 위함이다. 사리탑과 나란히 세워지기도 한다. 탑비라 부른다. 더러 부도와 분리시켜 비만 따로 모아 세우기도 한다. 누구나 쉽게 읽게 하려는 배려이다. 그렇게 많은 비석들이 서 있는 곳을 비림이라 부른다.

사리탑

누구나 죽는다. 존경하는 스님도 입적하신다. 다비한다. 인도식에 따라 화장하는 것이다. 이 방식은 일찍부터 성행하였다. 문무왕이 임종시 유언한다. 서쪽 나라의 방식에 따라 고문외정(庫門外庭)에서 화장하고 동해구(東海口) 바위에 장골(藏骨)해 달라고 한다. 그만큼 화장법이 보편화되어 있었음을 알 수 있다.

화장하면 잔뼈들이 남기도 한다. 원효대사의 다비를 끝내고 설총은 남은 뼈를 빻아서 원효의 진용(眞容)을 모신다. 뼈를 넣은 조상(彫像)을 만든 것이다.

다비하고 거둔 자장율사의 뼈를 석혈(石穴)에 넣어 둔다. 백제의 혜현(惠現) 스님이 입적하자 문도들은 떠메고 가서 석실(石室)에 안치한다. 호랑이에게 육신을 공양하려는 생각이다.

신라의 진표율사가 적멸한다. 절 동편 큰 바위에서 숨을 거두었다. 달려들어 모셔내리려 하였지만 시신은 꿈쩍도 하지 않았다. 거기에 그냥 모신 채로 공양하다가 해골이 산락(散落)하자 비로소 수습하여 땅에 묻었다.

「삼국유사」에 원광(圓光)법사 부도가 삼기산(三岐山) 금곡사(金谷寺)에 있다고 하였다. 지금까지 알려진 최초의 기록이다. 그 부도를 '浮圖'라고 기록하였다. 돌을 다듬어 그런 부도를 석탑처럼 조성하기도 하였다. 백제 혜현(惠現) 스님의 사리를 석탑에 모셨다는 기록 등에서 알 수 있다. 산청 땅 단속사에 신행선사의 비가 있다. 그 비문에 '부도를 모으고 사리를 모셨다(造浮圖存舍利)'라는 귀절이 있다. 석탑에 사리장치가 있었다는 뜻이 된다.

사리탑으로 현존하는 중요한 유구들은 대부분 평면이 팔각형이다. 팔각의 평면으로 탑을 모은 예는 삼국시대로부터 볼 수 있다. 지금도 터전을 남겼다고 하는 평양의 청암리 금강사 터에도 고구려 시대에 조영한 팔각목탑 자리가 있다. 고신라 때 개창되었다고 하는 흥륜사(興輪寺) 터에서도 팔각탑 자리가 있었다 한다. 부처님 진신 사리 모시는 데 팔각의 탑이 사용되고 있었음인지 부도인 사리탑 조성에서도 팔각탑이 조영된다.

팔각 부도에선 목탑의 형상을 충실히 받아들인다. 석탑에서와 같은 추상성이 배제된다. 쌍봉사 철감선사탑은 그대로 10배쯤 확대 하면 목조 건축물 하나가 되살아 나오겠다고 할 정도이다.

우주는 정방형과 팔각과 원형이란 기조에 의하여 묘체 있게 형성 되었다고 한다. 고승 대덕들의 돈오점수는 그런 묘체의 진리 규명에 맥을 두고 있다.

정토사 제자들은 궁리한다. 홍법(弘法)국사가 입적하자 1017년에 실상탑(實相塔;현재 경복궁에 이전, 국보 102호)을 조성한다. 방형, 팔각, 원형의 원리를 이용하기로 하였다. 원형을 둥근 모습으로 만들어 차원을 높이는 방도도 강구하였다.

탑비

고승 대덕의 유덕을 추모한다. 평생의 이력을 낱낱이 적어 그의 발자취를 적는다. 널리 알리게 된다. 종이에 쓴 것은 쉽게 상하리란 생각에서 불안하다. 그저 금석(金石)에 새기는 일이 으뜸이다. 비신 떠다 다듬고 물갈기 해서 바탕 만들고는 명필에게 부탁하여 이력을 쓰게 하곤 정성스럽게 새긴다.

비신이 완성되면 일으켜 세워야 한다. 받침대가 있어야 한다. 바위여도 좋고 다듬은 돌이어도 좋고 거북 형상으로 조형한 귀부(龜趺)여도 좋다. 받침이 되면 그 위에 비신을 올려 세운다. 그리고는 머리에 갓을 세운다. 지붕처럼도 하고 아홉 마리 용이 구름 속에 꿈틀거리며 여의주 희롱하는 모습의 이수(螭首)를 만들기도 한다.

극락으로 가십시다

고통의 바다라 한다. 조촐한 인생들은 사바세계 어려운 고비를 헤쳐 나가야 한다고도 한다. 인생은 그런 과정에서 성장해야 다음 갈 길이 정해지는 법이라고도 말한다. 헤쳐 가는 중에 즐거움도 있다. 그런 즐거움이 지극한 곳이 있다고 한다. 누구나 가보고 싶어하는 그런 곳이다. 거기를 극락이라 부른다. 아무나 다 갈 수 있는 곳이 아니다. 마음을 지극히 닦아야 갈 수 있는 자격이 생긴다.

극락으로 가는 길은 여러 가닥이라 한다. 배를 타고도 갈 수 있다고 한다. 그런 배가 곧 떠난다고 한다. 반야용선이 배의 이름이다. 그 배는 거대한 바위로 만들었다.

"자아 떠나기 전에 그 배를 타러 가십시다. 극락으로 가보십시다. 마음을 잘 쓴 흔적이 지극하면 그 배를 탈 수 있는 자격이 있답니다. 절에 다닌 보람이 있습니다. 극락으로 떠나는 배가 있다는 사실을 알아차린 것만으로도 덕을 보게 되었다고 하겠죠."

가람

마가다 국왕 빔비사라가 부처님과 그의 제자들을 왕사성(王舍城)에 초대하였다. 부처님이 아직 수행자이던 시절부터 빔비사라왕은 친숙한 사이였다. 마가다국에서 성불하신 부처님을 더욱 공경하게 되었다. 부처님을 위하여 어떤 일을 하였으면 좋을는지 궁리하던 중이었다. 천여 명이나 되는 제자들을 거느린 부처님이 머물 곳이 따로 없다는 점을 깨닫게 되었다. 다니기에 편리하고 찾아갈 사람들이 어렵지 않게 방문하면서도 세속의 시끄러움에서 떨어진 그런 장소를 물색하였다. 마침 정갈한 대나무 숲이 있었다. 거기에 가람을 마련하니 이것이 불교 교단에서 처음 지은 사원이 되었다. 죽림정사가 곧 그것이다.

천여 명의 제자들이 모여 수행하는 장소라고 해서 승원(僧園) 또는 중원(衆園)이라 부르게 되었다. 범어로 Samghārāma라 하고 중국인들은 승가람마(僧伽藍摩)라 번역하였다. 이를 줄여 가람이라 부르게도 되었다. 우리나라에서도 가람이란 말과 함께 정사란 이름도 쓰게 되고 이렇게 스님들이 모여 수행하는 장소로 규모가 작고 소박한 것을 토굴이란 이름으로도 부른다.

토굴은 석굴에 대비된다. 인도나 중국의 석굴(vihāra)도 있다. 탑이나 불상을 모신 곳이다. 불상이나 탑을 모신 곳을 사원이라 부르지만 이 사원은 사(寺)와 원(院)의 복합어이다.

우리나라에 현존하는 대부분의 절을 사(寺)라 부른다. 미륵사, 황룡사, 분황사 등이 다 그렇다. 이에 비하여 보제원(普濟院), 미륵대원(彌勒大院) 등으로 부르는 절도 적지 않았다. 제석원(帝釋院) 등도 그런 유형이다.

절을 사(社)라 쓰기도 한다. 흥천사(興天社)나 수선사(修禪社), 정혜사(定慧社) 등이 그런 이름들이다.

절은 신진 인사들의 집합 장소이기도 하였다. 떨치고 나설 수 있는 과감한 성격의 소유자들이 모인 곳이었다. 진취적일 수 있었다. 국제 교류가 형성되면서 사원은 최첨단의 문화가 꽃피는 요람이 되었다. 오늘에 남아 있는 불교 유적들은 그런 문화 바탕에서 형성되었던 것이다.

빛깔있는 책들 103-2

사원건축

글	―신영훈
사진	―김대벽
발행인	―장세우
발행처	―주식회사 대원사
주간	―박찬중
편집	―김한주, 조은정, 표명희
미술	―김병호, 김은하, 최윤정, 한진
전산사식	―김정숙, 육양희, 이규헌

첫판 1쇄 ―1989년 5월 15일 발행
첫판 11쇄 ―2007년 7월 30일 발행

주식회사 대원사
우편번호/140-901
서울 용산구 후암동 358-17
전화번호/(02) 757-6717~9
팩시밀리/(02) 775-8043
등록번호/제 3-191호
http://www.daewonsa.co.kr

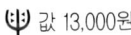 값 13,000원

Daewonsa Publishing Co., Ltd.
Printed in Korea(1989)

ISBN 89-369-0041-2 00540

빛깔있는 책들

건강 식품(분류번호 : 202)

즐거운 생활(분류번호 : 203)

건강 생활(분류번호 : 204)

한국의 자연(분류번호 : 301)

미술 일반(분류번호 : 401)

역사(분류번호 : 501)